Holz verwenden im eigenen Garten

Pergola, Treppe, Zaun und mehr

stv

Impressum

Umschlaggestaltung: DSR | Werbeagentur Rypka GmbH, 8143 Dobl, www.rypka.at

Bildnachweis:
© Serge Lapouge: alle Fotos außer
© Virginie Klecka: p. 45, 65, 80;
© Brigitte und Philippe Perdereau: p. 48, 54 unten, 77 (untere Fotos)

Titel der französischen Originalausgabe: Du bois pour aménager mon jardin !
by Brigitte Lapouge-Déjean & Serge Lapouge
© by Terre vivante, Mens, France, 2019
ISBN 978-2-36098-246-2

Aus dem Französischen übertragen von Konrad Weiß

Bibliografische Information der Deutschen Nationalbibliothek
Die Deutsche Nationalbibliothek verzeichnet diese Publikation in der Deutschen Nationalbibliografie; detaillierte bibliografische Daten sind im Internet über http://dnb.d-nb.de abrufbar.

Hinweis:
Dieses Buch wurde auf chlorfrei gebleichtem Papier gedruckt. Die zum Schutz vor Verschmutzung verwendete Einschweißfolie ist aus Polyethylen chlor- und schwefelfrei hergestellt. Diese umweltfreundliche Folie verhält sich grundwasserneutral, ist voll recyclingfähig und verbrennt in Müllverbrennungsanlagen völlig ungiftig.

Auf Wunsch senden wir Ihnen gerne kostenlos unser Verlagsverzeichnis zu:
Leopold Stocker Verlag GmbH
Hofgasse 5 / Postfach 438, A-8011 Graz
Tel.: +43 (0)316/82 16 36
Fax: +43 (0)316/83 56 12
E-Mail: stocker-verlag@stocker-verlag.com
www.stocker-verlag.com

ISBN 978-3-7020-1919-8

Layout: DSR | Werbeagentur Rypka GmbH, 8143 Dobl, www.rypka.at

Holz verwenden im eigenen Garten

Pergola, Treppe, Zaun und mehr

Brigitte Lapouge-Déjean
& Serge Lapouge

Leopold Stocker Verlag
Graz - Stuttgart

Einleitung

Einen Garten zu erschaffen heißt natürlich auspflanzen, säen und umpflanzen, aber es bedeutet auch, Strukturen zu definieren und sie auszubauen. Wege, Zäune, Treppen, Pergolen, Gemüsebeete, Terrassen ... Es gibt so viele Ausbauelemente, die dabei helfen, die Pflanzen richtig zur Geltung zu bringen und im Laufe der Jahre diesen Lebensraum noch mehr genießen zu können. Holz wird diesen Anforderungen unkompliziert gerecht, denn es ist ein beständiges, einfach zu bearbeitendes, eher leichtes und trotzdem robustes Material zu einem vernünftigen Preis. Holz aus der eigenen Gegend natürlich! Denn es liegt auf der Hand, dass eine der ersten Überlegungen, die man anstellen sollte, darin besteht, den eigenen Garten auszubauen, ohne die Urwälder in Afrika, im Amazonasgebiet oder in Europa auszubeuten. Aber auch, weil ein Rückgriff auf regionale Holzarten es erlaubt, die örtliche Wirtschaft zu unterstützen und so das damit verbundene Know-how zu erhalten. Die Verwendung von entsprechendem Holz und der Umstand, dass man damit Arbeitsplätze in kleineren Strukturen erhält, dienen so dazu, eine sanftere Bewirtschaftung unserer Wälder zu unterstützen.

Ausbauen heißt erschaffen

Unseren Garten auszubauen, ihn zu strukturieren, das legt uns zuallererst nahe, unsere Projekte auf Papier festzuhalten – um uns die Wege, die Unterteilungen, die Flächen zum Gärtnern oder auch für gemeinsame Aktivitäten oder zum Faulenzen vorstellen zu können. Alles, was ihn einzigartig machen und der ganzen Familie ermöglichen wird, dort voller Freude zu leben. Das Gelände nach eigenem Geschmack aufzuteilen, sich dort einen Zufluchtsort oder einen Gemüsegarten zu schaffen, ist eine Art, es sich anzueignen.

Die Montagesätze zum Selberbauen aus den großen Baumärkten erweisen sich oft als enttäuschend und machen die Illusionen unserer Gesellschaft des Überkonsums deutlich.

Trauen Sie sich, etwas selbst herzustellen! Wenn Sie sich erst einmal ein paar einfache Techniken angeeignet haben, indem Sie den Schritt-für-Schritt-Anleitungen dieses Buches folgen, wird es ausreichen, mit einem Minimum an Werkzeug loszulegen, damit es gelingt. Schöpferisch tätig zu sein heißt, sich selbst etwas zuzutrauen und sich die Freiheit, die Freude eines einzigartigen Gartens zu schenken. Wir alle sind schöpferisch, egal, wie alt wir sind und über welche Mittel wir verfügen. Man muss sich bloß darauf einlassen, sich etwas ausdenken und es wagen!

Angst vor dem Scheitern? Fangen Sie damit an, der Wiederverwertung Vorrang zu geben! So üben Sie schon einmal mit sehr geringen Kosten bei der Suche nach Schalungsholz, Paletten etc. Aber Vorsicht! Sie laufen Gefahr, richtig süchtig zu werden, so sehr eröffnet dieses Spiel der Wiederverwertung neue Wege: jene des kostenlosen Erschaffens, die praktisch unendlich sind.

Seinen Garten auszubauen wird bald zu einer anderen Art des Gärtnerns, einer Anregung zum Tauschen und Teilen. Sie wird das ganze Jahr über praktiziert, unter dem Zeitdruck der schönen Jahreszeit, aber auch im Winter, wenn uns das schlechte Wetter vom Boden fernhält und wir plötzlich anfangen, von zukünftigen Bauvorhaben zu träumen.

Entscheiden Sie sich für Holz aus der Gegend ...

Jahrelang hat man sein Bauholz in aller Regel bei den wohlbekannten großen Handelsketten gekauft, oft aus Bequemlichkeit und ohne etwas über dessen Herkunft zu wissen – oder über die Details der Behandlung, der es unterzogen wurde, um seine Lebensdauer zu verlängern.

Lindan, PCP und Arsen bildeten die Grundlage von Holzschutzlösungen oder der thermischen Behandlung. Heute macht die Entwicklung Fortschritte, wird die Nähe zu einem Verkaufsargument: Schnittholz aus lokaler Produktion und die Wiederverwertung erleben ein starkes Comeback. Umso besser! Über Sägewerke und Fachhändler kommen Holzarten wieder zu Ehren, die sich schon früher im Bau bewährt haben. Robinie (oft fälschlich als Akazie bezeichnet), Kastanie, Lärche, Douglasie kehren in die Gärten zurück. Sie ersetzen zum Glück und auf nachhaltige Weise Tropenholz, dessen Ausbeutung im großen Stil die Urwälder des Planeten zerstört. Wenn wir diese Arten allen anderen vorziehen, tragen wir zur Herausbildung kurzer Produktionsketten mit klarerer Rückverfolgbarkeit bei, zur Entwicklung der örtlichen Wirtschaft und zum Erhalt kleiner Unternehmen. Man leistet damit auch einen Beitrag zur Bewirtschaftung und zum Aufschwung von Mischwäldern in der Nähe.

Diese eingedeckte Allee verbindet zwei Funktionen: Weg und Strukturierung des Raumes.

Die folgende Tafel ermöglicht eine kompetente Vorauswahl:

Material	Merkmale	Instandhaltung
heimisches Holz	Europäische Hölzer kommen in den Genuss des PEFC-Siegels (*Programme for the Endorsement of Forest Certification Schemes*; dt. etwa Programm für die Anerkennung von Waldzertifizierungssystemen) und erweisen sich – sinnvoll eingesetzt – als sehr widerstandsfähig. Man findet beispielsweise Robinie, Douglasie, Lärche, Kastanie etc.	Unbehandelt altern sie sehr gut und nehmen dabei eine graue Färbung an. Es muss jene Klasse gewählt werden, die sich für die geplanten Arbeiten eignet (*Details siehe Tafel auf S. 8*). Wenn man sich dazu entschließt, sie zu streichen, werden die Klassen II und III zwar widerstandsfähiger, aber Instandhaltung und eine regelmäßige Behandlung bleiben zwingend erforderlich. Möbel können im Winter eingelagert werden, um eine längere Lebensdauer zu sichern und Moosbefall zu vermeiden.
thermisch modifiziertes Holz	Europäisches Holz (Kiefer, Esche, Pappel), das bei sehr hohen Temperaturen getrocknet wird, modert praktisch nicht. Braune Färbung.	Sie sind teuer, aber speziell für Beständigkeit im Freien entwickelt. Keine Instandhaltung erforderlich.
zertifiziertes Tropenholz	Profitiert vom FSC-Siegel, wenn es aus Wäldern stammt, die gemäß den entsprechenden Regeln bewirtschaftet werden – aber ist das ein ausreichender Indikator? Entnahme und Transport von Tropenholz sind trotzdem wenig umweltfreundlich. Besser vermeiden.	Entgegen den Behauptungen erfordern sie bei Verwendung im Garten auf lange Sicht die gleichen Instandhaltungsmaßnahmen wie Holz aus Europa.

… und für Holzarten mit langer Lebensdauer

Die Langlebigkeit von Werkstücken hängt wesentlich von den verwendeten Holzarten und deren Feuchtigkeitsbeständigkeit ab. In Frankreich definiert der Gesetzgeber für den Bau vier Klassen von Holz mit einigen Nebenformen, die im Ausland abweichen können. Hier die (nicht zuletzt in den Publikationen von TERRE VIVANTE) gebräuchliche Einteilung:

- Klasse I: Verwendung des Holzes in Innenräumen (Esche, Tanne, Fichten).
- Klasse II: Holz, das gelegentlich nass werden darf, sofern es rasch wieder trocknen kann; wird zum Beispiel für Holzrahmen oder Dachstühle verwendet (Waldkiefer, Schwarzkiefer).
- Klasse III: In feuchter Umgebung verwendbares Holz (Lärche, Douglasie, Eiche, Kastanie).
- Klasse IV: In dauerhaft feuchter Umgebung verwendbares Holz, dem bei Arbeiten im Außenbereich der Vorzug zu geben ist, insbesondere bei Werkstücken, die mit dem Erdboden in Berührung kommen, wie Zäunen, Terrassen etc. (Robinie).

Holzart	Klassifizierung	Anmerkungen
Weide	Klasse I	Sehr schnelles Wachstum; leicht ersetzbares Rohmaterial, für das der Baum nicht gefällt werden muss. Wenig beständig, zu verwenden für kleine und häufig zu erneuernde Werkstücke.
Waldkiefer	Klasse II	Mittlere Beständigkeit, die durch eine thermische Behandlung mit Boraten verlängert wird.
Kastanie	Klasse III	Hartes Holz für Bretter, stark tanninhaltig. Wenn man daraus Pflöcke herstellt, können deren Spitzen gehärtet werden, indem man ihr Ende mit einer Flamme abbrennt. Durch das Verkohlen wird es widerstandsfähiger gegen Vermodern. Mindestens vierjährige unbehandelte Triebe finden bei sehr vielen Gartenkreationen Verwendung.
Eiche	Klasse III	Hartes Holz für Pfähle und Bretter, stark tanninhaltig. Für eine längere Beständigkeit kann das Ende des Pfahls über dem Boden mit einer metallischen Verankerung oder einem Betonblock fixiert werden.
Lärche	Klasse III	Gutes Werkholz; ohne längere Feuchtigkeitseinwirkung beständiger.
Douglasie	Klasse III	Gut getrocknet ist sie recht vielseitig einsetzbar und kann statt Kastanie verwendet werden.
Robinie	Klasse IV	Unentbehrlich für Pflöcke, Pfähle und alle direkt mit dem Boden in Berührung kommenden Bauelemente. Sie ist sehr beständig. Traditionell für die Stockkultur im Weinbau verwendet.
Bambus	nicht klassifiziert	Manchmal als stark wuchernde Gruppe im Garten vertreten. Schnell nachwachsendes Rohmaterial. Für längere Haltbarkeit drei oder vier Jahre alte Rohre verwenden. Werden durch Verzurren miteinander verbunden.

Warnhinweis: thermisch modifiziertes Holz

Achtung! Eine thermische Behandlung ist nicht zwangsläufig umweltschonend. Alles hängt davon ab, welches Produkt für die Imprägnierung verwendet wird. Zu empfehlen ist beispielsweise die Behandlung mit Boraten.

Wiederverwertung und Geheimtipps!

Palette

Sie steht hoch im Kurs! Kostenloses oder zumindest preiswertes Material, leicht zu bekommen und dazu noch magisch, denn wenn die Palette einmal auseinandergenommen ist, verwandelt sie sich in einen Baukasten und bringt unsere Fantasie in Schwung wie damals, als wir kleine Kinder waren! Für den Garten ist die ideale Palette jene für Zementsäcke; man findet sie in Baumärkten (fragen Sie höflich, ob Sie welche haben können). Paletten sind aus Tanne oder Douglasie und weisen gemäß Herstellungsnormen garantiert einen Feuchtigkeitsgrad von weniger als 25 % auf. Die für Transporte in Frankreich gängigsten sind weniger stabil und unbehandelt, aber doch für eine Menge Werkstücke zu gebrauchen, solange sie nicht zu viel Wasser abbekommen – außer man versieht sie mit einem Schutzanstrich (Gartenmöbel, kleine Einfriedungen etc.). Den absoluten Luxus stellt die thermisch behandelte HT-Palette (HT = „Heat Treatment", dt. Hitzebehandlung) dar, die für den Export vorgesehen ist. In der Bio-Ausführung ist sie schwerer aufzutreiben, außer bei Gebrauchtpalettenhändlern für ein paar Euro. Mit dem Heimwerken auf Palettenbasis kann man schon mit ganz einfachem Werkzeug beginnen – Hammer, Geißfuß, Säge, Schraubenzieher und sonst nichts!

Abbruchholz

Der Abbruch von Gebäuden und von Dächern, die Endphase von Baustellen sowie Recycling- und Rohstoffrückgewinnungssysteme bieten eine Vielzahl von Möglichkeiten, sich kostenloses oder preisgünstiges Holz zu beschaffen. Im Allgemeinen muss man dieses abschmirgeln und -schleifen, bevor man es weiterverarbeitet, aber es ist ein Geheimtipp – vor allem für Werkstücke, die belastbar sein müssen. Balken werden zu Stützen für Gartenlauben,

Schalungsbretter finden für Hochbeete Verwendung, Fensterläden aus Eiche verwandeln sich in eine Plankenwand, Parkettstäbe rahmen einzelne Beete ein ... Achten Sie darauf, dass das Holz gesund ist, und vermeiden Sie solches, bei dem der Verdacht besteht, dass es mit Insektiziden behandelt worden ist.

Totholz und Treibholz

Die Natur arbeitet für uns, wenn Bäume Ballast abwerfen und schöne abgestorbene Äste zu Boden fallen. Vom Blitzschlag getroffene Kastanien liefern wahre Skulpturen aus sehr hartem Holz. Ausgetrockneter Wacholder verbirgt hinter seinen Stacheln duftendes, geradezu kunstvoll gekrümmtes Holz und erlaubt den Bau prächtiger Treppengeländer. Die Wellen lassen an den Meeresstränden schiffbrüchiges Holz zurück, das lange poliert worden ist. All diese Schätze ermöglichen, gebündelt und verschraubt, schöne Kreationen in einem sehr sanften Grau: Spaliere, kleine Einfriedungen, rustikale Sitzgelegenheiten, Umrahmungen etc.

Die Vielfalt der Materialien erlaubt außergewöhnlich abwechslungsreiche Werkstücke, spielerische oder auch technisch deutlich anspruchsvollere. Man kann sich sogar von der Welle der Inspiration mitreißen lassen, so wie wenn man aus dem, was man gerade im Haus hat, ein improvisiertes Essen für Freunde zaubert. Diese große Flexibilität des Baumaterials Holz erlaubt jedem und jeder Einzelnen, sich vollkommen frei kreativ zu entfalten. Jetzt sind Sie dran!

Schöne Abtrennung mit einem Sinn für Wiederverwertung. *Siehe vertikale Abschirmungen auf S. 50.*

Blumengeschmückte Gemüsegarten-Bordüre.

Kräuter- und Heilpflanzengarten.

Im Garten seinen Weg gehen

Sein Leben im Garten zu organisieren, fängt damit an, Strukturen zu schaffen und insbesondere Wege einzurichten. Die Spur der Schritte im Gras, aus der rasch ein Pfad aus gestampfter Erde wird, ist das erste sichtbare Zeichen eines Sich-Aneignens des Raums. Sie ist Indiz für eine Notwendigkeit, eine Funktion, und kann zu einer dauerhaften Trasse werden oder sich im Laufe der ersten Monate des Lebens im Garten noch verändern.

Holz liefert eine erste umweltfreundliche und preiswerte Antwort auf die Notwendigkeit, sich bequem fortbewegen zu können. Je nachdem, wie es um Budget und Zeitressourcen bestellt ist, wird es in Form von Wegen aus Rindenmulch in Erscheinung treten, sich zu japanischen Trittelementen wandeln oder zu einem verlegten Plattenbelag, wie bei einer Terrasse. Um noch weiter zu gehen, wird man die Wege mit Bordüren versehen, mit Geländern, wird man darüber hinaus eine einfache Treppe errichten, die gleichzeitig elegant und komfortabel ist.

Waldweg aus Rindenmulch oder Hackschnitzeln

Technische Schwierigkeit ★
Zeitaufwand ⌛
Kosten €

MATERIAL

- Rindenmulch und/oder Hackschnitzel: etwa 0,60 m³ Hackschnitzel pro m².
- Geotextil oder drainagefähiges Bauvlies: 10 m² für einen Weg von 0,80 x 10 m (was zu viel ist, wird umgeschlagen).

WERKZEUG

- Richtschnur, 4 (provisorische) Pflöcke, Maßband, Schere, Vorschlaghammer, Hacke, Pickel, Schaufel (Schubkarre), Handstampfer.

Unter den Füßen federnd, wohlriechend und sehr gut Wasser ableitend, ist ein Weg aus Waldhackschnitzeln zum Inbegriff des ökologischen Wegebaus geworden. Zum Einsatz kommen dafür wiederverwertete Materialien, die sich anschließend von selbst zu Humus umwandeln, den man wiederum im Garten verwenden kann. Ein solcher Weg ist sehr einfach zu bauen und kann ohne gröbere Arbeiten verändert oder verlegt werden. Wenn sein Verlauf Ihnen zusagt, können Sie ihn durch Auffrischung alle zwei oder drei Jahre problemlos dauerhaft erhalten.

Die zu verwendenden Materialien sind recycelt oder wenig kostspielig. Man kann **die Erzeugnisse des Gartens wiederverwerten** – gehacktes Heckenschnittgut, Überbleibsel vom Ausästen, Kiefernnadeln – oder sich in Sägewerken versorgen, mit Holzschnitzeln, Sägespänen, Baumrinde ... **Getrocknete Hackschnitzel** vermischt mit Kiefernrinde erinnern an Unterholz und lassen die Pflanzen der einzelnen Beete besser hervortreten. Bei feuchter Witterung bleibt der Weg trocken. Wenn Sie eine einheitliche Oberflächenbeschaffenheit wünschen, bietet der normale Handel nach unterschiedlicher Korngröße und Optik sortierte **Nadelholzrinde** an. In manchen Gegenden, wo man leicht an **Nussschalen** kommt, können diese das Rindenmaterial in vorteilhafter Weise ersetzen und halten zudem länger. Um damit zu haushalten, können Sie darunter eine Schicht Hackschnitzel ausbringen.

Die Trasse: Zwei Philosophien prallen aufeinander!

Die Verfechter der Effizienz schwören auf gerade Linien, die allein Ausgangspunkt und Ziel auf dem kürzesten Weg miteinander verbinden, während Gemüter mit einem Hang zur ländlichen Idylle in die Fußstapfen der romantischen Gärtner treten und von nichts anderem träumen als von Pfaden mit sanften Kurven, die dazu einladen, die Seele baumeln zu lassen. In Wirklichkeit braucht es ein wenig von beidem, um seine Wege richtig gut hinzubekommen! Effizienz wird überall dort geboten sein, wo es sich um mehr oder weniger betriebliche Wege handelt; aber man wird sich mehr Freiheiten beim Weg zum Gemüsegarten oder zum Teich nehmen – ohne dabei aber zu vergessen, dass niemand gern mit der Schubkarre lange Umwege geht. Umgekehrt verdienen die Wege ein paar Kurven – um sich zwischen zwei Beeten hindurchzuschlängeln, zu einem kleinen Spaziergang in den Obstgarten oder einer Runde durch den Garten insgesamt einzuladen. Der Raum wird dadurch größer und geheimnisvoller wirken.

Die ideale Breite

Wege, die mit Holz bedeckt sind, egal ob in Form von Rindenmulch, Hackschnitzeln oder Rundholz, werden nie die Breite einer richtigen Allee aufweisen. Sie sind diskret, aber nicht sonderlich gut zu befahren. Man kann sie aber immerhin dazu nutzen, mit einer Schubkarre zu fahren, einen Rasenmäher zu schieben oder einen kleinen Karren hinter sich herzuziehen. Rechnen Sie also 1 m bis 1,20 m ein, um ungehindert manövrieren zu können.

Wenn man nur zu Fuß unterwegs ist, misst der klassische Weg 1 m, aber auch 80 cm genügen. Zwischen zwei Beeten oder z. B. auch im Falle eines Durchganges zur Instandhaltung zwischen einem Beet und einer Hecke kann man die Breite weiter auf 60 cm reduzieren. Denken Sie daran, den Weg zu verbreitern, wenn entlang der Strecke biegsame Pflanzen oder Bodendecker geplant sind!

Die Trasse zeichnen ...

Um einen Plan im Maßstab 1:100 (1 cm = 1 m) zu erstellen, sollten Sie einen Lageplan inklusive Grundriss des Hauses (Einreichplan des Architekten / des Baumeisters oder Katasterplan) heranziehen, der schon die wichtigsten Angaben enthalten wird. Eine Erfassung aller Maße mithilfe eines 10-Meter-Maßbandes und indem man sich an die Ecken des Hauses und der Nebengebäude hält, erlaubt eine Verfeinerung der schematischen Zeichnung. Skizzieren Sie dann die dauerhaften Elemente wie Mäuerchen, Hecken, Bäume und unterirdische Leitungen. Überprüfen Sie nach Skizzierung Ihrer Pläne, ob diese auch in der Praxis etwas taugen, indem Sie sie mit Kalk auf dem Boden vorzeichnen. Diese doppelte Betrachtungsweise auf dem Papier und im Gelände garantiert den Erfolg der Bauvorhaben..

Dieser Hackschnitzelweg schlängelt sich diskret unter dem rosengeschmückten Spalier hindurch.

... und sie auf die Probe stellen

Trotzdem ist Vorsicht geboten, denn eine stimmig erscheinende Trasse kann sich nach einigen Wochen als unbenutzbar herausstellen, wenn eine geheimnisvolle Kraft die Schritte der Bewohner anderswohin lenkt. Die Gewohnheiten der Kinder und Haustiere sind von großer Bedeutung, da sie oft ihre eigenen Wege haben, den Raum in Besitz zu nehmen. Die Erfahrung zeigt, dass es umsonst ist, dagegen anzukämpfen, und dass man diese Gewohnheiten besser berücksichtigt. Der Garten wird dadurch nur an Frohsinn gewinnen!

Express-Variante

Für einen improvisierten Weg durchs Unterholz oder in eher naturbelassenen Teilen des Gartens können Sie direkt eine Rindenschicht von 15–20 cm auslegen und feststampfen.

Instandhaltung

Die Unkrautvernichtung erfolgt fast zur Gänze durch das bloße Gehen auf dem Weg. Wenn widerspenstiges Unkraut sich am Wegrand breitmacht, ziehen Sie es am Stängel aus der Erde oder bearbeiten Sie es kurz mit der Hacke. **Benutzen Sie auf keinen Fall Geräte zur thermischen Unkrautbekämpfung. Die Brandgefahr ist zu groß.** Wenn die Hackschnitzel verrotten und sich verdichten, dann stellen Sie die ursprüngliche Streuhöhe durch Hinzufügen einer zusätzlichen Schicht wieder her. Wenn der Weg eine dauerhafte Einrichtung wird, entfernen Sie alle zwei oder drei Jahre das zu Komposterde gewordene Material, um es beim Umtopfen als Substrat zu nutzen, dem Kompost zuzuführen oder als Streu unter Büschen, ausdauernden Pflanzen, Rosenstöcken etc. zu verwenden. Anschließend eine neue Schicht Rinde ausbringen.

Ans Werk!

1. 2 Pflöcke im Abstand der gewünschten Wegbreite in die Erde schlagen, um den Ausgangspunkt des Weges zu markieren.
2. 2 weitere Pflöcke am Endpunkt des Weges einschlagen und den gleichen Abstand wie zwischen den beiden ersten Pflöcken einhalten.
3. Spannen Sie eine Schnur zwischen den Pflöcken 1 und 3 und eine weitere zwischen den Pflöcken 2 und 4.
4. Überprüfen Sie den Abstand zwischen diesen Schnüren an mehreren Stellen. Er muss auf der ganzen Länge des Weges gleich sein.
5. Graben Sie zwischen den Schnüren auf der ganzen Länge etwa 10 cm tief (das erlaubt zugleich, Unkraut zu beseitigen und in weiterer Folge eine Höhe zu erzielen, die mit der des Gartenbodens übereinstimmt).
6. Entfernen Sie die ausgehobene Erde.
7. Stampfen Sie den Boden auf der ganzen Länge mit einem Handstampfer fest.
8. Legen Sie den Untergrund mit einem Geotextil oder einem drainagefähigen Bauvlies aus. Diese Vorsichtsmaßnahme wird Ihnen die Verwurzelung von hartnäckigem, aus dem Untergrund heraufdringendem Unkraut ersparen. Darüber hinaus vermeidet man durch dieses System, im Falle eines Rückbaues überall Hackschnitzel zu hinterlassen. Lassen Sie das Vlies an den Rändern großzügig überstehen.
9. Mit dem ausgewählten Material auffüllen. Wenn Sie sich für eine Deckschicht aus Rindenmulch entscheiden, so bringen Sie zunächst eine großzügige Lage Hackschnitzel oder Sägespäne aus.
10. Schlagen Sie das überschüssige Geotextil ein, indem Sie es an den Rändern umklappen.
11. Zum Schluss zusammendrücken, entweder durch Feststampfen oder mit einer kleinen Walze.

Wegpflanzen

Ob Sie die Knöchel des Spaziergängers streifen oder den Boden schmücken – ausdauernde Pflanzen unterstreichen den Stil der Gartenwege. Manche zeigen das ganze Jahr über eine starke Präsenz, andere sind eher flüchtig oder verbreiten einen wunderbaren Duft. Pflanzen Sie dem Vorbild von Wegen auf dem Land entsprechend ein paar Büschel blütentragender mehrjähriger Pflanzen, dazu Wildlinge, Strukturpflanzen, die dem Verlauf des Weges einen gewissen Rhythmus geben, **Zweijährige** und **Gräser**. Ordnen Sie sie für ein natürlicheres Bild in unregelmäßigen Abständen an und achten Sie auf im Laufe der Jahre aufgehende Spontanvegetation, um die Zusammenstellung noch zu verfeinern. Schaffen Sie für Arten, die Gefahr laufen, bei starkem Regen abzubrechen, eine Bordüre aus geflochtenen Haselsträuchern oder stützen Sie sie mithilfe von Bambusrohren ab. Suchen Sie Wildpflanzen aus, die an Ihre Böden und Ihr Klima angepasst sind. Lassen Sie im Herbst Stängel und Blattwerk an ihrem Platz, um Vögeln Nahrung zu bieten und Insekten Unterschlupf zu gewähren.

Hier einige Beispiele von Blumen als Saum für Ihren Weg – für einen natürlichen Eindruck mischen:

ausdauernde Pflanzen	zweijährige Pflanzen	einjährige Pflanzen
Schafgarbe (alle Sorten)	Hundskamille	Graukresse
Frauenmantel	Königskerze	Klatschmohn
Akelei	Fingerhut	Rittersporn
Aster	Ruprechtskraut	Schwarzkümmel
Rasen-Schmiele	Goldlack	Strahlen-Breitsame
Wolfsmilch	Gewöhnliche Nachtviole	Leimkraut
Fenchel	Lein	
Prachtkerze	Vergissmeinnicht	
Geranie	Gemeine Nachtkerze	
Italienische Strohblume		
Taglilie		
Knautia		
Wiesen-Margerite		
Katzenminze		
Rispenhirse		
Rudbeckie		
Wiesensalbei		
Skabiose		
Federgras		
Teufelsabbiss		

Jardin Plume.

Japanisches Trittelement

Technische Schwierigkeit ★
Zeitaufwand ⌛⌛
Kosten €

MATERIAL

- Rundholzscheiben mit mindestens 30 cm Durchmesser und 10 cm Stärke (3 Holzscheiben für etwa 2 m Weg vorsehen).
- Eine Handvoll Rasensamen.

WERKZEUG

- Zollstock, Beil, Schlauch, Spaten oder Pickel, Schaufel oder Kelle, Fäustel, Wasserwaage.

Dieser Weg besteht aus Platten, die inmitten einer Rasenfläche angebracht werden. Besonders praktisch ist er im Winter, wenn er es ermöglicht, sich in den nassesten Bereichen des Gartens fortzubewegen, ohne Gefahr zu laufen, sich so richtig schmutzig zu machen. Oft wird dieser Weg aus steinernen Platten zusammengesetzt, aber man kann ihn ebenso mithilfe von Scheiben herstellen, die von einem Rundholz abgesägt werden. Die einfachste Lösung ist, sich damit in einem Sägewerk einzudecken; die umweltfreundlichste, sich nach einer Rodung oder einem Unwetter mit solchen Scheiben zu versorgen.

Ans Werk!

1. Entfernen Sie mithilfe eines Beils die Rinde. So lässt sich verhindern, dass Insekten sich dort einnisten und den Verfall des Materials beschleunigen.
2. Vor dem Verlegen muss die Trasse festgelegt werden. Vergewissern Sie sich nach dem Zeichnen des Planes mithilfe eines entsprechend im Gras ausgerollten Gartenschlauches, dass die skizzierten Kurven Ihnen wirklich gefallen und auch beim Gehen praktisch sind. Zu viele Biegungen etwa erweisen sich als nicht praktikabel.
3. Machen Sie einen Probedurchgang, indem Sie die Holzscheiben entsprechend der geplanten Trasse auf dem Boden auslegen. Lassen Sie für ein bequemes Gehen zwischen den einzelnen Trittelementen etwa 40 cm Abstand. Testen Sie die Anordnung und überprüfen Sie, ob Groß und Klein mit Leichtigkeit darüber hinwegschreiten können.
4. Markieren Sie mithilfe des Spatens die Umrisse jeder Scheibe auf dem Rasen und legen Sie diese dann zur Seite.
5. Entfernen Sie, je nach Bodenbeschaffenheit mit dem Spaten oder mithilfe eines kleinen Pickels, an jenen Stellen, wo die Scheiben später platziert werden sollen, den Rasen.
6. Graben Sie mit der Schaufel oder der Kelle, bis Sie eine Tiefe von 10 cm erreicht haben: Die Holzscheiben sollen minimal aus dem Erdboden hervortreten und die Überfahrt des Rasenmähers ermöglichen.
7. Verlegen Sie alle Scheiben und klopfen Sie sie mit dem Fäustel fest, um Sie zu fixieren. Verwenden Sie eine Wasserwaage, damit sie perfekt horizontal sind.
8. Damit der Rasen wieder Besitz von der entblößten Erdoberfläche ergreift und das Endergebnis optimal wird, die Zwischenräume mit Erde auffüllen sowie mit einigen Rasensamen oder den Rasenstücken, die zu Beginn der Arbeiten entfernt wurden.
9. Vollenden Sie die Arbeit, indem Sie mit dem Besen durchkehren. Ein neuer Fußweg hat das Licht der Welt erblickt!

1

2

4

3

5

6

7

8

9

Japanische Trittelemente auf Blütenteppich

Um den Raum zwischen den einzelnen Holzscheiben auszufüllen, werden ausdauernde Bodendecker tatsächlich das Bild eines blühenden Teppichs abgeben und dabei gleichzeitig die Fixierung der Erde verstärken. Um die Pflanzarbeit bequemer zu gestalten, die Pflänzlinge gleich nach Platzieren der Holzscheiben einsetzen. Achten Sie darauf, dass die Erde bis kurz unter die ersten Blätter der Pflanze reicht. Mit der flachen Hand festklopfen und vorsichtig gießen, um das Ganze gut zu fixieren. Den umgebenden Boden mit Hackschnitzeln abdecken. Ein wenig Unkrautbekämpfung zu Beginn wird den Pflanzen helfen, Fuß zu fassen, aber dann kommen sie schon allein zurecht. Wenn man von Zeit zu Zeit den Rasentrimmer zum Einsatz bringt, schafft man einen Ausgleich zwischen Gras und Pflanzen und legt die Holzscheiben wieder frei, was deren Verfall verzögert.

Diese ausdauernden Bodendecker werden zusammen mit Ihren japanischen Trittelementen ein wunderbares Bild ergeben:

sonniger Standort	Standort im (Halb-)Schatten
Hornkraut	Kriechender Günsel
Mexikanisches Berufkraut	Dalmatiner Polster-Glockenblume
Reiherschnabel	Erdbeere
Gamander	Gundermann
Teppichverbene	Polei-Minze
Bosporuskamille	Kleines Immergrün
Gänseblümchen	Ysopblättrige Braunelle
Gänsefingerkraut	Veilchen
Winter-Bohnenkraut	
Thymian	
Faden-Ehrenpreis	

Der Gemüsegarten und der Gartenschuppen. (Centre écologique Terre vivante).

Übergang aus Palettenhälften

Technische Schwierigkeit ★
Zeitaufwand ⌛⌛
Kosten €

MATERIAL

- 1 Palette (erlaubt die Herstellung von zwei Bodenrosten).
- Lasur oder Holzteer (wahlweise).

WERKZEUG

- Motor- oder Handsäge, Zollstock, Winkelmaß, Schrauben für Holz, Akkuschrauber, ggf. Schleifmaschine.

Bodenroste aus Holz sind perfekt, um rasch einen kleinen Übergang im Gras einzurichten – für trockene Füße, wenn man im Winter z. B. Gemüse pflücken geht. Schnell auslegbar und umzuziehen, schadet es nicht, im Voraus einige davon als kleine Reserve bereitzuhalten. Die Sparvariante besteht darin, sie aus gebrauchten Paletten selbst herzustellen: ein einfaches Werkstück, das für jedermann machbar ist.

Instandhaltung

Die Lebensdauer dieser Bodenroste liegt bei zwei bis vier Jahren, je nach Beschaffenheit des Holzes und gewähltem Holzschutz. Sie sind leicht zu reparieren, indem man das beschädigte Teilstück austauscht. Behandeln Sie das Holz niemals mit Altöl, das eine extrem umweltschädliche Substanz ist! Entscheiden Sie sich lieber für natürliche Lasuren.

Die Bodenroste lassen sich jederzeit Ihren Wegstrecken und jeder Art von Trasse anpassen.

Ans Werk!

1 Zersägen Sie die Palette und schneiden Sie 7 kleine Bretter identischer Abmessung (45–50 cm Länge) zu. Das sind die Latten für Ihren künftigen Bodenrost.

2 Legen Sie auf dem Boden zwei kleine Bretter parallel auf und verbinden Sie sie anschließend durch die 5 verbleibenden Elemente miteinander, indem sie diese mit einem Intervall von etwa 2 cm nebeneinander anordnen. Verwenden Sie ein Winkelmaß, damit die Holzbretter im richtigen Winkel zueinander stehen.

3 Die Brettchen werden an jedem Ende an zwei Punkten verschraubt.

4 Im Allgemeinen ist solches Holz glatt, aber zögern Sie nicht, es abzuschleifen – um Holzsplitter zu vermeiden und das Material auf eine allfällige Lasur vorzubereiten. Der Bodenrost kann so vor Feuchtigkeit geschützt werden oder aber im „Rohzustand" verbleiben; seine aufliegende Seite bedarf allenfalls eines Holzteer-Spezialproduktes.

Wegbordüren aus Brettern

Technische Schwierigkeit ★
Zeitaufwand ⌛
Kosten €

MATERIAL

- Bretter mit 2,5 bis 3 cm Stärke. Wenn Sie sie kaufen, nehmen Sie z. B. Bretter mit den Maßen 15 cm x 2 m.
- Pflöcke zu je 30 cm (einen pro Meter vorsehen).

WERKZEUG

- Vorschlaghammer, Richtschnur, 4 provisorische Pflöcke, Pickel oder kleine Spitzhacke, Zollstock, Holzhammer, kleine (Motor-)Säge.

Um die Ausbreitung des für die Wege verwendeten Streumaterials im Garten zu verhindern bzw. umgekehrt die Erde der Beete davon abzuhalten, ihre Außenverkleidung zu verschmutzen, sollten Sie die Anbringung kleiner Bordüren vorsehen. Diese sorgen dafür, dass die einzelnen Elemente Ihres Gartens dauerhaft einen aufgeräumten Eindruck machen, dienen als kleine Begrenzungen und erleichtern die Instandhaltung. Die Errichtung erfolgt zeitgleich mit dem Weg oder nach diesem.

Schlichte Holzbretter stellen eine einfache und effiziente Lösung dar. An der Schmalseite aufgestellt und eingegraben, ergeben sie eine unauffällige Bordüre, verhindern eine Vermischung der diversen Materialien und bilden eine Barriere gegen das Vorrücken von Unkraut mit Flachwurzeln. Abhängig von Ihrem Budget haben Sie die Wahl zwischen Schalungsbrettern oder nach Maß gefertigten (die auf Anfrage vom Sägewerk geliefert werden). In Sachen Wiederverwertung können Sie sich auf in der Endphase befindlichen Baustellen oder Abbruchgrundstücken nach Holz umsehen, oder nach Paletten zum Auseinandernehmen.

Welche Holzart soll man wählen?

Es können verschiedene Holzsorten verwendet werden. Robinie übersteht auch den direkten Kontakt mit dem Erdboden und erweist sich als am dauerhaftesten (über Jahrzehnte), Douglasie und Lärche werden ebenfalls gute Resultate erbringen, ebenso wie Kastanie. Die zuletzt Genannten wird man alle fünf bis zehn Jahre austauschen müssen, aber der Arbeitsgang ist dermaßen einfach, dass ihre Verwendung eine gute Lösung zu einem geringen Preis darstellt.

Zu beachten:

Das gleiche System kann dazu dienen, die Erde von Böschungen abzustützen, wofür man aber Bretter mit größerer Breite wählt (20 cm).

Ans Werk!

1 Spannen Sie eine Richtschnur auf der Länge, wo die Bordüre angebracht werden soll.

2 Heben Sie einen 10 cm tiefen Spalt aus.

3 Setzen Sie dort das Brett ein.

4 Stützen Sie es mithilfe kleiner, davor eingeschlagener Pflöcke ab, um dem Druck der Erde entgegenzuwirken.

5 Verwenden Sie einen Zollstock, um sicherzugehen, dass das Brett auf der richtigen Höhe bleibt und dabei gleichmäßig aus dem Boden hervorsteht. Fixieren Sie es durch vorsichtiges Festklopfen mit einem Holzhammer.

6 Schütten Sie an der Rückseite Erde auf.

7 Wiederholen Sie den Vorgang für die zweite Bordüre.

8 Schließen Sie ab, indem Sie die Pflöcke auf Höhe der Bretter absägen.

Zu vermeiden:

Im Handel werden zahlreiche kleine Fertigbordüren angeboten, deren Lebensdauer und Ökobilanz stark zu wünschen übrig lassen:

- **Rundholzhälften** werden mithilfe von Substanzen hitzebehandelt, die für die Umwelt schädlich sind. Die mäßige Haltbarkeit des Endproduktes rechtfertigt nicht den Energiebedarf seiner Herstellung.
- **Kleine Bordüren aus geflochtenem Weidenholz** sind kostspielig und von geringer Haltbarkeit. Sie können genauso schöne selbst herstellen!

4

5

6

7

8

Bordüren aus hölzernem Flechtwerk

Technische Schwierigkeit ★
Zeitaufwand ⌛
Kosten €

MATERIAL

Für eine 40 cm hohe Bordüre:

- 80 cm lange Pflöcke aus Robinie (zwei pro Meter vorsehen).
- Triebe (Kastanie, Weide, Haselnuss, Hartriegel).

WERKZEUG

- Vorschlaghammer, Gartenschere (und Beil), Holzhammer, Motorsäge.

Mit Boraten behandeltes Weidenholz

Um die Lebensdauer ihrer Produkte zu verlängern, hatten einige Korbflechter die Idee, sie einer thermischen Behandlung mit Boraten zu unterziehen. Eine solche Behandlung sichert eine Lebensdauer von etwa zehn Jahren ohne Instandhaltung.

Aus den Erträgen des Baumschnittes im Garten und der Umgebung auf natürliche Weise hergestellt, betont etwas Flechtwerk ein Beet in vorteilhafter Weise.

Im Falle dieser wenig massiven Werkstücke ermöglicht der geringe Durchmesser der Äste keine lange Haltbarkeit. Die Kastanie in Form von mindestens zweijährigen Trieben sowie der Rote Hartriegel (*Cornus sanguinea*) erweisen sich als am beständigsten. Dann folgen die Haselnuss und schließlich Weidenruten, die von verschiedenen Weidenarten stammen können: Diese Holzarten werden traditionell verwendet. Aber flechten können Sie so gut wie jeden Holznachwuchs (Ahorn, Esche, Schneeball ...). Man sollte bloß damit rechnen, dieses Material regelmäßig ersetzen zu müssen.

Instandhaltung

Entfernen Sie, um die Lebensdauer Ihrer Schöpfung zu verlängern, regelmäßig das Gras an deren Fuß sowie verrottende Zweige, die im Winter dort hängengeblieben sind. Die Instandsetzung ist einfach zu bewerkstelligen, indem man das Holz mit dem Holzhammer verdichtet und neues Flechtwerk schafft.

Ans Werk!

1 Schlagen Sie die Pflöcke mithilfe eines Vorschlaghammers bis zu einer Höhe von 40 cm in den Boden und lassen Sie zwischen ihnen je 50 cm Abstand.

2 Entfernen Sie die kleinen Zweige an den Trieben mithilfe eines Beils oder einer Gartenschere.

3 Beginnen Sie wie bei einem Korb die Flechtarbeit, indem Sie einen Trieb vor dem ersten Pfosten vorbeiführen, dann hinter dem zweiten, vor dem folgenden und so weiter.

4 Schneiden Sie die Enden schräg ab; diese sollten stets an einem Pflock zu liegen kommen.

5 Beim Fortgang der Arbeit immer wieder mit einem Holzhammer festklopfen, damit eine entsprechende Dichte des Flechtwerkes ebenso gewahrt bleibt wie dessen waagrechte Lage.

6 Schneiden Sie die Enden, die über die Bordüre hinausragen, mit einer Gartenschere ab.

7 Bringen Sie die Pflöcke mit der Motorsäge auf gleiche Höhe.

1

2

3

Zu beachten:

Es mag sehr verlockend scheinen, lebendes Holz wie die Weide zu einer Bordüre zu flechten. Leider erfordert dies sehr häufige Instandhaltung durch Zurückschneiden; dem Ergebnis bekommt auch die Alterung nicht, da der Baum darauf „programmiert" ist, an Umfang zuzunehmen, und sich unter solchen Bedingungen nicht entfalten kann. Darüber hinaus sind die Wurzeln eine unliebsame Konkurrenz für Ihre Beetpflanzen.

4

5

6

7

Einfache Treppe

Technische Schwierigkeit ★★
Zeitaufwand ⌛⌛
Kosten €

MATERIAL

- Rundhölzer mit 15 cm Durchmesser (Setzstufen).
- 60-cm-Pflöcke aus vollständig entrindeter Robinie (2 pro Stufe).
- Bretter mit 15 cm Breite und 2 cm Stärke (Bordüren).
- Drainagematerial: Hackschnitzel, Rindenmaterial, Kieselsteine ...
- Ein wenig Kalk oder Sand (Trasse).

WERKZEUG

- Zollstock, Motorsäge, Spannriemen, Schnur, 4 provisorische Pflöcke, Hacke, Schaufel, Spitzhacke, Wasserwaage, Schrauben (oder Nägel), Akkuschrauber (oder Hammer).

Passen Sie das Rundholz dem Hang an!
Wenn der Hang sehr steil ist, wird ein 15-cm-Rundholz nicht ausreichen. Nehmen Sie in diesem Fall ein stärkeres Rundholz oder schieben Sie einen Holzkeil unter das vorhandene, um zu erhöhen. Im umgekehrten Fall, bei einem sanften Hang, sollten Sie sich für ein Rundholz mit 10 cm Durchmesser entscheiden (siehe „*Treppensteigung berechnen*", S. 35).

Der Ausbau eines Geländes in Hanglage erfordert fest installierte Treppen, die es ermöglichen, die unterschiedlichen Ebenen zu erschließen. Bei völliger Übereinstimmung mit dem Geist ländlich-natürlicher Gärten lässt sich die Anzahl der Holztreppen ohne Weiteres erhöhen, ohne Gefahr zu laufen, sein Budget sonderlich zu belasten; noch dazu sind sie einfach zu realisieren. Sie sind auch eine probate Methode, um da und dort kleine Abkürzungen zu schaffen, die bei der Instandhaltung des Gartens einen bequemeren Zugang ermöglichen.

Treppen unterschiedlichen Stils

Auch wenn die Vorsicht nahelegt, die Errichtung größerer Bauvorhaben einem Gartenarchitekten anzuvertrauen, bleibt die Umsetzung kleiner Treppen innerhalb der Möglichkeiten eines durchschnittlichen Heimwerkers. Auf steileren Hängen besteht auch die Möglichkeit, eine Abfolge mehrerer kleiner Treppen umzusetzen, die durch Treppenabsätze voneinander getrennt werden. Wenn Sie dem lokalen Stil und örtlichen Materialien den Vorzug geben, stellen Sie auch sicher, dass die Treppen sich in die Umgebung einfügen, und vermeiden auf diese Weise, einen allzu invasiven menschlichen Fußabdruck zu hinterlassen. Die Bepflanzung komplettiert das Werk, hilft dabei, die Erde zu fixieren, und fördert die Biodiversität (*siehe S. 38*).

Welche Holzart wählen?

Die längste Lebensdauer erzielt man, wenn man Robinienrundholz benutzt, aber je nach den Möglichkeiten, die die Wälder der Region bieten, können Sie auch Lärche, Douglasie oder Kastanie wählen. Wenn es von geringer Stärke ist, wird auch seine Langlebigkeit geringer sein, und Sie werden zwei davon übereinanderlegen müssen, um die Setzstufe zu bilden. Das Holz kann entweder im

Gleiches Material, zwei Ausführungsvarianten – und Pflanzenkissen, um die Linienführung sanfter zu gestalten.

Rohzustand nach dem Schlägern oder entrindet verlegt werden. Je nachdem ändert sich das Gesamtbild, wobei man aber wissen muss, dass die Rinde so oder so nach einiger Zeit abfallen wird.

In Gegenden, wo Holz verarbeitet wird, ist es einfach, sich Rundholz in der gewünschten Länge zuschneiden zu lassen, aber auch Bohlen aus Robinie oder aus Douglasie mit großem Durchmesser. Diese liefern das gleiche ästhetische Ergebnis wie Bahnschwellen, ohne aber deren ökologische Nachteile aufzuweisen (*siehe Kasten auf S. 36*). Im Zuge von Abbrucharbeiten kann man auch alte Eichenholzbalken bekommen und wiederverwenden.

Treppensteigung berechnen

Eine Treppe zu bauen, hat auch etwas mit Mathematik zu tun! Sie werden gemerkt haben, dass manche Treppen, die steil aussehen, sich als angenehm zu ersteigen herausstellen, während andere, die harmlos erscheinen, einem schon nach drei Stufen körperlich zusetzen. Das Geheimnis liegt im richtigen Verhältnis zwischen der Tiefe einer Stufe und ihrer Höhe. Jacques-François Blondel, ein Mathematiker, hat folgende Formel erdacht, um die Berechnung zu vereinfachen:

> Wenn man das Doppelte der Höhe einer Stufe und deren Tiefe addiert, muss man dem Wert von 65 (cm) nahekommen. Beispiel für eine 15 cm hohe Stufe: 15 x 2 = 30. Die Tiefe der Stufe muss, damit man nicht rasch ermüdet, 65 – 30 = 35 (cm) ausmachen, sprich die Länge eines durchschnittlichen Schrittes.

Spielen Sie unter Verwendung dieser Formel die Abmessungen durch, um sie Ihrem Projekt anzupassen. Zusammengefasst kann man sagen, dass die Stufe umso weniger tief sein darf, je höher sie ist. Heute ermöglichen Internetseiten es, diese Berechnungen rasch online durchzuführen.

Breite der Stufen definieren

Man muss zwischen 50 cm für kleine „Hühnerleitern" und 1 m für häufig verwendete Treppen einkalkulieren.

Bahnschwellen: Wiederverwertung verboten!
Eisenbahnschwellen sind häufig beim Gartenausbau wiederverwertet worden. Der Handel mit ihnen ist heute aus Gründen der Umweltverschmutzung und Giftigkeit verboten. Tatsächlich sind sie, um eine hohe Langlebigkeit zu erzielen, mit extrem giftigen Chemikalien getränkt, insbesondere Kreosot (Teeröl), die vom Regen ausgewaschen werden und in den Boden übergehen. Außerdem lässt die Sommerhitze diesen Teer aufsteigen und ausschwitzen, der dann an der Haut von Kindern oder Tieren kleben bleiben kann. Gebrauchte Bahnschwellen werden heute in einem speziellen Kreislauf wiederaufbereitet. Für den Gartenausbau besteht die Möglichkeit, unbehandelte Bahnschwellen neu zu erwerben. Ihre Herstellung aus Eichenholz macht sie Holz der Klasse IV gleichwertig und praktisch unverwüstlich!

Welches Material wählen, um die Stufen aufzufüllen?
Es empfiehlt sich Wasser ableitendes Material, das im Winter unter den Sohlen trocken bleibt. Es gibt mehrere Möglichkeiten: kleine Kieselsteine, Rindenmaterial, selbst produzierte Hackschnitzel (angenehm beim Gehen), Nussschalen (die ein nettes Geräusch von sich geben, das Besucher ankündigt) ...

Ans Werk!

1. Beginnen Sie damit, die gewünschte Treppenbreite auszumessen, und schneiden Sie ein Rundholz dieses Ausmaßes zu. Es wird als Vorlage dienen. Stellen Sie die Position der Treppe am Boden mithilfe von durch Schnüre verbundenen Pflöcken und unter Verwendung der erwähnten Vorlage dar. Sobald Sie mit dem Ergebnis zufrieden sind, markieren Sie die Positionierung mit Kalk oder Sand auf dem Boden.

2. Entfernen Sie die Rasendecke mit der Hacke und deponieren sie diese auf dem Komposthaufen. Graben Sie die Erde 5–10 cm tief ab, um das Rundholz einzusetzen. Überprüfen Sie regelmäßig, dass Sie nicht zu tief graben. Entfernen Sie die Erde.

3. Positionieren Sie die erste Setzstufe, ganz unten, schön lotrecht zum Hang, und fixieren Sie diese mit zwei 40 cm tief eingeschlagenen Pflöcken. Um zu verhindern, dass die Pflöcke sich spalten, wenn Sie sie einschlagen, können Sie ihre Enden mit einem Spannriemen umschließen. Setzen Sie die zweite Setzstufe in einem Abstand von 35 cm zur ersten und fixieren diese auf gleiche Weise durch Einschlagen von zwei Pflöcken.

   Überprüfen Sie mithilfe einer auf eine passende flache Leiste gelegten Wasserwaage sorgfältig, ob die Oberseite des ersten und die Unterseite des zweiten Rundholzes sich wirklich auf einer waagrechten Ebene befinden. Wenn nicht, dann kalibrieren Sie neu. Fahren Sie auf die gleiche Weise mit jeder weiteren Stufe fort und überprüfen Sie gründlich mit der Wasserwaage, ob die Stufen waagrecht sind. Schneiden Sie, falls erforderlich, die Enden der Pflöcke ab, damit man nicht mit den Füßen daran hängen bleibt.

4. Wenn die Satzstufen in Position sind, verbinden Sie die Enden der Rundhölzer außen mit Brettern und schrauben Sie diese fest oder vernageln sie. Auf diese Weise hat man einzelne Fächer erzeugt, die nur noch mit dem gewählten Material befüllt werden müssen.

1 2

3 4

Treppe im grünen Gewand: bepflanzen und stabilisieren

Um die Treppe optisch bestmöglich zu integrieren und ihre Ränder zu stabilisieren, drängt sich die eine oder andere Bepflanzung auf. Das Beste ist, sie gleich bei Abschluss der Bauarbeiten vorzunehmen, um die Ränder so rasch wie möglich zu stabilisieren, auch auf die Gefahr hin, später ein wenig Erde hinzufügen zu müssen, falls der Boden sich setzt. Bevor man die Pflanzen aussucht, muss man die zu bepflanzende Oberfläche bestimmen.

Um eine schlichte Bordüre auf beiden Seiten zu begrünen, sollten Sie sich für Bodendecker entscheiden, damit man nicht beim Gehen behindert wird. Wenn Sie eine umfassendere Einbindung vorziehen, wird es erforderlich sein, mehrere unterschiedlich hohe Pflanzen miteinander zu kombinieren, mit denen man am Schluss ein sehr natürliches Gesamtbild erhält. In beiden Fällen erlaubt es die Verwendung von Pflanzen mit einander ergänzendem Wurzelwerk (Flachwurzeln und Pfahlwurzeln), die Erde bestmöglich zu stabilisieren, die Entwässerung zu befördern und auf diese Weise zur Stabilität der Treppe beizutragen. Wählen Sie Arten aus, die gegen Wassermangel resistent sind, denn die Hanglage begünstigt die Wasserabfuhr. Entscheiden Sie sich für Sträucher-Jungpflanzen und eingetopfte oder wurzelnackte ausdauernde Pflanzen, damit Sie nicht allzu viel im Boden graben müssen.

Welche Pflanzen zur Begrünung einer Treppe auswählen?

Pflanzenkategorie	Flachwurzeln	Pfahlwurzeln
Sträucher	Abelien, Strauchige Gamander, Rosmarin, Forsythia „Zwerg-Goldglöckchen“.	Zistrosen, Kronwicken, Bodendecker-Rosen, Brandkräuter, Kriechende Säckelblumen.
kugeliger Blütenstand / Doldenblütler	Schafgarben, Glockenblumen, Italienische Strohblume, Edel-Gamander, Oregano, Echter Thymian, Samos-Brandkraut, Schwertlilien, Dünnblättriges Federgras, Lampenputzergräser.	Artemisia, Spornblumen, Gewöhnlicher Natternkopf, Goldlack, Duftende Nachtkerze, Lavendel, Heiligenkraut, Salbei, Seggen, Gartenraute, Esparsetten.
Bodendecker	Meerfenchelblättrige Schafgarbe, Edle Schafgarbe, Frauenmantel, Kriechender Günsel, Mexikanisches Berufkraut, Feldthymian, Katzenminze („Six Hills Giant“), Chinesische Bleiwurz, Epimedium, *Epilobium canna*, ausdauernde Geranie, Zwergaster, Sedum, Kleines Immergrün.	Gewöhnlicher Hornklee, Zwerg-Johanniskraut, Wolfsmilch, Nelken, Winter-Bohnenkraut.

Unprätentiöse Blütenzier als Begleiter auf Schritt und Tritt (verwirklicht von Johanna Florent).

Zu vermeiden:
Pflanzen mit flachen Wurzeln, die zu sehr zur Ausbreitung neigen, können ihre Nachbarn ersticken und sogar Steine lockern (Großkelchiges Johanniskraut (*Hypericum calycinum*), Langgriffliger Rosenwaldmeister (*Phuopsis stylosa*), Bunte Kronwicke (*Coronilla varia*)).

In der Praxis

Heben Sie mithilfe einer Pflanzschaufel eine Grube für den Wurzelstock aus und lockern Sie die Erde rundherum auf. Einsetzen und bei jeder Pflanze eine kleine Handvoll Komposterde hinzufügen. Wieder zuschütten und mit der flachen Hand festklopfen. Mit Gießaufsatz und von oben gießen, um die Erde nicht durcheinanderzubringen. Um die Feuchtigkeit zu bewahren, den Boden rundum entweder mit Hackschnitzeln, mit Steinen oder mit Kieselsteinen abdecken. Im Falle von Pflanzungen, die weiter über den Bereich der Treppenbaustelle hinausreichen, muss man den Boden mit der Grabegabel und dann mit der Gartenkralle vorbereiten, indem man sorgfältig das Unkraut jätet. Pflanzen Sie anschließend die Sträucher und fügen Sie eine Schaufel Kompost und eine gute Handvoll Horndünger pro Pflanze hinzu; dann die ausdauernden Pflanzen und die kleinen Bodendecker an den Rändern.
Achten Sie besonders während der ersten Jahre auf die Bewässerung und geben Sie natürlichen Sämlingen den Vorzug, indem Sie großzügig reife Samenkörner schwungvoll ausstreuen.

Kreative Geländer

Technische Schwierigkeit ★★
Zeitaufwand ⌛⌛⌛
Kosten €

MATERIAL

Für ein gegliedertes Geländer:

- Entrindete, halbrunde, mindestens vierjährige Kastanienholztriebe.
- Entrindete Robinienholzpfähle zu jeweils etwa 1,40 m (als Faustregel einen pro Laufmeter vorsehen).

WERKZEUG

- Vorschlaghammer, Brechstange, Schrauben, Akkuschrauber, Säge.

Manche etwas steilere Treppe erfordert die Montage eines Geländers, das dabei hilft, wirklich sicher hinauf und hinunter zu gelangen. Die als Standardbausatz angebotenen Modelle zeichnen sich nicht gerade durch Originalität aus oder sind sündhaft teuer. Um das Budget zu schonen und gleichzeitig eigene Kreativität zu nutzen, kann man sie sehr gut selbst herstellen – aus mindestens vierjährigen unbehandelten Kastanientrieben, aus Holzlatten oder aus Recyclingmaterial.

Stabil und nach Größe sortiert sind Kastanienholztriebe geeignet, als Füllungen eines Geländers im Außenbereich verwendet zu werden. Die verschiedenen schöpferischen Möglichkeiten passen sich jedem Gartenstil an. Man kann sich dafür entscheiden, parallele Füllungen zu montieren, einen Jägerzaun zu bilden, Rauten, oder das Muster noch komplexer zu gestalten. Die Montage ist jedem Heimwerker zugänglich und in einigen Stunden machbar.

Ans Werk!

1. Verankern Sie die vertikale Struktur, indem Sie die Pfähle 40 cm tief in den Boden schlagen. Kalkulieren Sie mit einem Abstand von 0,80 bis zu 1 m dazwischen.

2. Verbinden Sie das Ganze im oberen Bereich, indem Sie in weiterer Folge die Kastanienholztriebe für den Handlauf festschrauben. Alle widerstandsfähigen Holzarten kommen in Betracht.

3. Fixieren Sie abschließend die Triebe, indem Sie damit die einzelnen Steher da und dort miteinander verbinden, und folgen Sie dabei dem vorgesehenen Motiv oder Ihrer Inspiration. Sie werden der Sicherheit ebenso dienen wie der Verstärkung des gesamten Werkstückes. Vermutlich werden einige Zuschnitte erforderlich sein.

Die rustikale Wald-Variante

Bei einem Waldspaziergang findet man nicht selten schöne abgestorbene Äste – hartes, von der Natur geformtes Holz. Ideale Abmessungen, um ein Geländer abzugeben! Kastanie und Wacholder liefern leicht zu bearbeitende Stärken. Sie können Moos, Flechten und Rindenüberreste auf diesem Holz belassen oder es mithilfe eines Zugmessers schälen. Als Geländer auf Robinienholzpfähle geschraubt wird ihre Form sich perfekt in einen natürlich gestalteten Garten einfügen (*siehe Totholz und Treibholz, S. 10*).

Kreiert von Serge Lapouge (Jardins de l'Albarède).

Blumen und Düfte verleihen dem Raum Rhythmus (Jardins de l'Albarède).

Raum zur Geltung bringen

Einen Garten bewohnen zu wollen, veranlasst uns von Beginn an zu Überlegungen darüber, wie man ihn von der Außenwelt abgrenzen kann, um ihn zu einer Oase der Ruhe zu machen. Eine alte Gewohnheit, denn seit den Anfängen seiner Sesshaftigkeit hat der Mensch Flechtwerk und unbehandelte Triebe eingesetzt, um sein Stück Land gegen das Eindringen wilder Tiere und Plünderungen zu verteidigen. Holz ist das ideale Material, um auf harmonische Weise dem Bedürfnis nach Ruhe gerecht zu werden. Im Innern des Gartens ermöglicht es, intimere Bereiche abzustecken, ohne zu blockieren, und dabei Licht und Transparenz zu erhalten.

Verbindliches und Gebräuchliches vor Beginn der Arbeiten

Umfriedungen

Bis vor Kurzem lag es im Trend, immergrüne Gewächse dicht an dicht zu pflanzen, um eine möglichst hermetische Hecke zu erhalten. Dieses Konzept beginnt sich zu wandeln, da es nicht wirklich einer Notwendigkeit entspricht, sondern einem Abkapselungsreflex, um sein kleines Paradies zu schützen. Wenngleich sich dieser Gedanke in abgemilderter Form unter gewissen schwierigen Bedingungen behaupten kann – was soll man von jenen Einfamilienhaus-Gegenden denken, wo die Gassen von kilometerlangen Wänden gesäumt werden, von Palisaden, die so fugendicht und monoton sind wie Thujenhecken? Vergessen wir nicht, dass die Umfriedung der erste „Austausch" ist, den wir mit Passanten und Besuchern haben. Ein Gatter oder eine blumengeschmückte Plankenwand sichern die Intimität in hinlänglicher Weise und machen immer einen einladenderen Eindruck als eine hohe Mauer. Die sozialen Bande kultiviert man schon am Eingang eines Grundstückes!

Vorschriften für die Errichtung

„Wenn die Arbeiten den ausschließlichen Zweck verfolgen einen Zaun zu errichten, ist grundsätzlich keinerlei administrative Formalität erforderlich (art. R. 421-2-g des *code de l'urbanisme*). Allerdings sieht Artikel R. 421-12 des *code de l'urbanisme* gewisse Ausnahmen vor. So besteht für jede Gebietskörperschaft die Möglichkeit, vor Aufnahme der Bautätigkeit eine Baustellenmeldung zu verlangen oder eben nicht (R. 421-12-d des *code de l'urbanisme*).

Ebenso wird die Baustellenmeldung verpflichtend, wenn die Umfriedung sich in einem Bereich erheben soll, der Gegenstand besonderen Schutzes aufgrund der Bestimmungen des *code du patrimoine* (R. 421-12-a), des *code de l'environnement* (R. 421-12-b) oder aufgrund einer Bestimmung des Flächennutzungsplans PLU (R. 421-12-c und L. 123-1-7° des *code de l'urbanisme*) wird." (Auszug aus dem „Journal officiel Sénat" vom 18.12.2008.)

In Deutschland und Österreich unterscheiden sich die Bestimmungen teils je nach Bundesland. Es ist also am einfachsten, wenn Sie sich direkt im Rathaus Ihrer Gemeinde erkundigen, um zu prüfen, ob besondere gesetzliche Bestimmungen bestehen. Spezifische Regeln gibt es ferner im Falle einer Wohnsiedlung oder einer Miteigentümerschaft.

Halten wir fest, dass – falls keine besonderen Regelungen bestehen – in Frankreich die Höhe auf dem Land 2,60 m nicht überschreiten darf (Artikel 663 des *code civil*) und die Umfriedung auf der Grundstücksgrenze errichtet werden darf, indem man der Trasse der Grenzzeichen folgt – unter der Bedingung, dass sie an keiner Stelle über diese hinausragt! Aber Vorsicht: Falls es notwendig wird, Instandhaltung durchzuführen, ist es ratsam, parallel zur Grenze Platz für einen Wartungsweg zu lassen.

Ein paar Ratschläge

Die Umfriedungen sind als Erstes anzulegen, sobald der Gartenausbau beginnt. Um sicherzugehen, dass die verschiedenen Gestaltungsvorhaben in ihrer Gesamtheit konsistent und kompatibel sind, sollte man besser den Umweg über eine Bleistiftskizze wählen und ihre Positionen wie bei den Wegen auf dem Einreichplan des Grundstückes verzeichnen (*siehe S. 15*).

Falls Sie allein über die Errichtung entscheiden, können Sie Ihren Nachbarn nicht dazu zwingen, einen Teil der

Kosten zu tragen. Es ist aber immer sinnvoll, höflich ein paar Verhandlungsgespräche zu führen, um in vollständigem Einvernehmen nur eine einzige Einfriedung zu bauen, deren Errichtungskosten dann geteilt werden können. Nehmen Sie sich Zeit dafür, die Materialauswahl, die Ausführung und die Modalitäten einer späteren Instandhaltung genau festzulegen.

Unbehandelte Kastanie setzt mit den Jahren eine Patina aus Flechten an.

Zu beachten:
Es ist recht gefällig, schöne Sichtachsen auf die Landschaft offen zu halten, und auch, die Vorgänge draußen ein wenig wahrnehmen zu können. Die Notwendigkeit, den Kindern Grenzen setzen zu müssen, zwingt nicht zu einer hermetischen Abriegelung. Was das effektive Einschließen von Tieren angeht, so lässt sich diese Frage problemlos regeln, indem man die Umfriedungen durch ein Drahtgeflecht ergänzt, das dem betreffenden Tier angepasst ist.

Die Ausgestaltung im Innern

Zäune und Plankenwände erlauben, den Innenraum des Gartens auszugestalten. Ein kahles Gelände ist wie ein leeres Blatt Papier, ohne irgendetwas, worauf der Blick verweilen könnte oder das die Schritte lenken würde – unterm Strich recht ungemütlich zum Leben. Man fühlt sich dort wesentlich wohler, wenn man es erst einmal in voneinander abgegrenzte Bereiche aufgeteilt hat, die ruhige Ecken zur Erholung ebenso enthalten wie Flächen für gärtnerische Tätigkeiten oder zum Spielen. Spaliere oder Lattenzäune ergeben tausend Möglichkeiten. Sie sind ein Segen für kleinere Gärten, wo das Setzen von Hecken zu viel Raum in Anspruch nehmen würde und auch noch fordernd in Bezug auf das Zurückschneiden wäre. Diese leichten Strukturen im Garten aber schaffen auch für die empfindlichsten Pflanzen windgeschützte Bereiche sowie Schattenzonen, die wiederum anderen Pflanzen zugutekommen.

Flechtzaun

Technische Schwierigkeit ★
Zeitaufwand ⌛
Kosten € (Wiederverwertung) oder €€ (Kauf)

MATERIAL

- Mindestens zweijährige Triebe (Kastanie, Haselnuss).
- Für einen Zaun von 1 m Höhe Pfähle mit 1,50 m Länge (einen Pflock alle 50 cm vorsehen).

WERKZEUG

- Brechstange, Vorschlaghammer, Fäustel, Hand-Erdbohrer (je nach Bodenbeschaffenheit), Gartenschere, Zollstock, Akkuschrauber, Bohrmaschine, 40 bis 60 mm lange Schrauben.

Gut zu wissen:
Triebe mit größerer Stärke erfordern beim Flechten einiges an Kraft, da man stark an den Ästen ziehen muss, um sie zu biegen. Aber diese Mühe wird belohnt, denn sie sind auch beständiger. Z. B. werden, je nach Exponiertheit, Haselnusstriebe mit 3 bis 4 cm Durchmesser drei bis vier Jahre halten und solche aus Kastanie fünf bis sechs Jahre.

Horizontales Flechtwerk ist das Modell, das dem bäuerlichen oder mittelalterlichen umzäunten Garten am nächsten kommt. Die verwendete Technik ist jene des einfachen Korbflechtens.

1 bis 1,20 m hoch dient es dazu, einen Winkel des Gartens oder ein Stück Land, auf dem Gemüse wächst, abzutrennen. Auf die gleiche Art kann man Ruhezonen abgrenzen, die Spielecke der ganz Kleinen oder auch Absperrungen schaffen, um die Haustiere im Garten zu halten. Um die Arbeit zu erleichtern, wird man das Flechtwerk mit möglichst gleichmäßigen Sprösslingen ausführen. Kastanie und Haselnuss bleiben die meistverwendeten Holzarten, da die an der Basis zurückgeschnittenen Bäume Triebe liefern, die die richtige Länge aufweisen und schön gerade sind.

Ans Werk!

1. Mithilfe einer Brechstange und eines Vorschlaghammers die Pfähle 50 cm tief in den Boden einschlagen. Lassen Sie dazwischen 70 bis 80 cm Abstand (bei schwierigem Boden besteht die Möglichkeit, mit dem Hand-Erdbohrer Löcher zu bohren, um sich die Arbeit zu erleichtern).

2. Nehmen Sie dann das Flechten der Triebe vor, so wie man es auch bei jedem anderen Werkstück aus Flechtwerk macht, nämlich indem man den Zweig erst vor dem Pfahl und dann dahinter vorbeiführt, und so weiter. Je nach Kaliber der gewählten Zweige ist die Arbeit mehr oder weniger leicht. Machen Sie die Übergänge unsichtbar, indem Sie die Enden hinter den Pfählen schräg abschneiden. Achten Sie darauf, den Durchmesser der Zweige nur bei jeder neuen Reihe zu wechseln, damit Ihr Flechtwerk schön horizontal bleibt (man beginnt einmal mit der Basis, einmal mit der Spitze).

3. Schieben Sie das Flechtwerk regelmäßig mit dem Fuß oder einem Fäustel zusammen, damit es dicht wird. Sobald die gewünschte Höhe erreicht ist, die oberste Reihe Triebe mit den Pfählen verschrauben und dabei die Größe der Schrauben dem Durchmesser der Triebe an der jeweiligen Stelle anpassen. Um ein Splittern des Holzes zu vermeiden, empfiehlt es sich, mit einem Bohraufsatz, der nur eine Spur feiner ist als die Schraube selbst, eine Vorbohrung anzubringen.

Instandhaltung

Um die Lebensdauer Ihres Zaunes zu verlängern, regelmäßig das Gras, die Blätter und den Unrat entfernen, der sich an dessen Fuß ansammelt. Wenn Sie dort Kletterpflanzen setzen, reißen Sie am Ende der Gartensaison die Ranken dieser einjährigen Pflanzen oder auch Unkraut aus und legen Sie das Holz vollständig frei. An Ort und Stelle verrottende Pflanzen führen zu einer Ausbreitung von Moos und später Pilzen, die den Verfall des Holzes beschleunigen.

Lebende Zäune

Aus der Tradition der ersten Lebensmittelkulturen hervorgegangen, bestanden Gebücke daraus, lebendiges Holz zu biegen und es dann mit Totholz zu verflechten, um unüberwindliche Barrieren zu errichten. Da sie durch das wachsende Interesse an mittelalterlichen Gärten wieder dem gegenwärtigen Geschmack entsprechen, werden diese Techniken heute mit einjährigen Ästen von verschiedenen Arten von Bäumen umgesetzt.

Auf Weide und Haselnuss wird man in erster Linie für kleine und kurzlebige Werkstücke zurückgreifen, beispielsweise für Bordüren von Gemüsebeeten oder Beeten mit mehrjährigen Pflanzen. Für dauerhaftere Werkstücke bleiben junge Kastanientriebe die erste Wahl. Da das Grundprinzip dennoch bleibt, mit den Ressourcen des Gartens zu arbeiten, wird man nach Herzenslust jedes Holz heranziehen, dessen Zweige lang und biegsam genug sind, um geflochten zu werden. Nicht jedes Holz ist gleich langlebig oder sieht gleich aus – jedermann kann sammeln, was ihm Freude macht.

Ein und dieselbe Technik und vielfältiges Holz ergeben den Mittelalter-Stil.

Ein Muster aus lebendigem Weidenholz ist auf Dauer schwer zu erhalten.

Abschirmung aus vertikalem Gewebe

Technische Schwierigkeit ★
Zeitaufwand ⌛
Kosten €

MATERIAL

- Zweige (beliebiger Art).
- 1,50 m lange Robinienholzpfähle (je einen auf 60 cm Länge vorsehen).
- Eisendraht (fünffache Länge des geplanten Werkstückes).

WERKZEUG

- Vorschlaghammer, Gartenschere, Drahtzange, Brechstange, Zollstock.

Weniger häufig in Verwendung als Flechtwerk, erlaubt vertikales Gewebe, mit der Leichtigkeit und der Transparenz zu spielen, wenn man daraus kleine dekorative Abschirmungen herstellt. Weniger stabil ist es ebenfalls, ermöglicht aber die Verwendung von Material unterschiedlicher Stärke und vielfältigen Ursprunges. Es dient dazu, heimelige Ecken abzuschirmen, ohne aber danach zu trachten, sie völlig zu verstecken. Ideal für kleine Gärten und rasch aufgestellt, kommt es als Wanderzaun infrage und kann seinen Aufstellungsort ohne größeren Aufwand wechseln.

Ans Werk!

1 Schlagen Sie alle 60 cm einen Pfahl 40 cm tief in den Boden. Spannen Sie 5 Reihen Eisendraht mit jeweils 20 cm Abstand dazwischen, um das Ganze zu versteifen und das Einweben zu ermöglichen.

2 Anschließend braucht man nur die ausgewählten Zweige zwischen den Drähten hindurchzuführen. Das ist eine ausgesprochen spielerische Tätigkeit, die im Familienkreis vorgenommen werden kann.

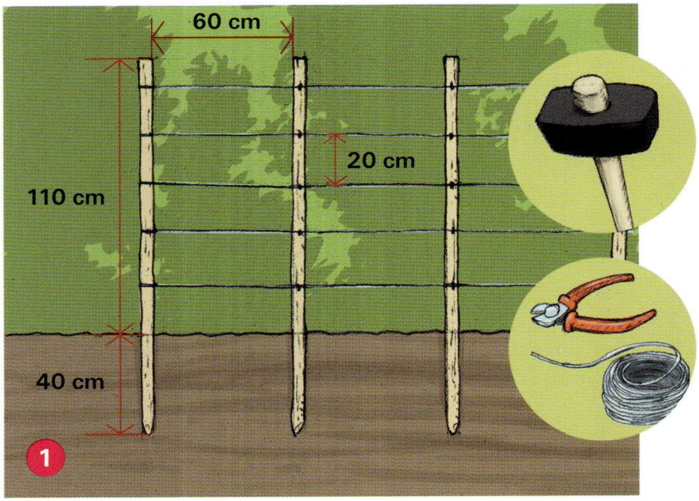

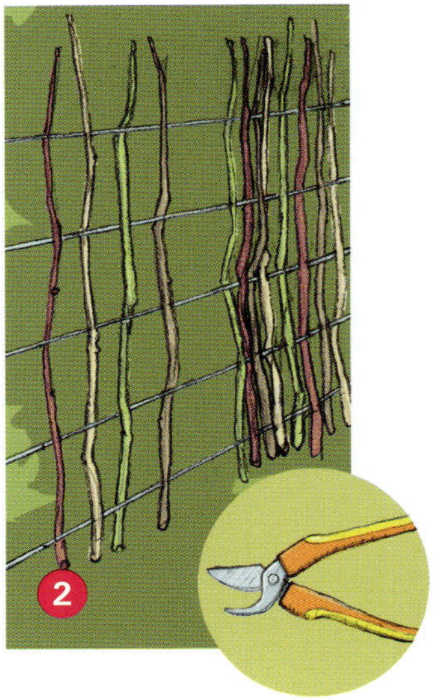

Die Wiederverwertung des Schnittholzes am Ende des Winters bietet eine vielfältige Palette, mit brauner oder grauer Rinde, aber auch mit roter, weinroter, gelber oder leuchtend grüner (Weide, Purpur-Hartriegel „Sibirica" oder Seidiger Hartriegel „Flaviramea"). Entwurf Jardins de la Brande.

Auswahl des Holzes für Einwebungen in kurzlebige kleine Werkstücke wie solche dekorativen Abschirmungen:

Holz für Einwebungen	Eigenschaften	Lebensdauer
Kastanie	2,50 bis 3 m lange, nicht entrindete Triebe. Sie werden von November bis Februar in Bündeln abgepackt von spezialisierten Unternehmen angeboten. Man kann auch die Triebe zurückgeschnittener Bäume von Freunden oder Nachbarn wiederverwerten.	3 bis 4 Jahre
Gewöhnliche Waldrebe	Sehr verbreitet im Unterholz oder als Hecke, liefert lange Ruten aus gräulichem, rissigem Holz, das Abwechslung in gewebte Werkstücke bringt.	1 Jahr
Roter Hartriegel	Auf kalkhaltigem Boden ist reichlich Roter Hartriegel vorhanden und liefert, wenn man ihn regelmäßig zurückschneidet, gerade Zweige mit rötlicher Färbung, die eine schöne Wirkung erzielen.	3 bis 4 Jahre
Blumenhartriegel	Blumenhartriegel muss alljährlich zurückgeschnitten werden, um sich seine Färbung zu bewahren. Ein Segen, um an sehr bunte Zweige zu kommen. Allerdings ist ihre Lebensdauer gering. Sie werden besonders dafür herangezogen, Abschirmungen aus vertikalem Gewebe zu verschönern.	1 Jahr
Ahorn, Maulbeerbaum	An die einjährigen Triebe kommt man nach dem winterlichen Zurückschneiden (insbesondere über die Gartenämter). Es handelt sich um Weichholz.	1 Jahr
Esche	Man verwendet zweijährige Triebe. Sie sind einfach zu verarbeiten und haben ein schönes Grün.	2 Jahre
Haselnuss	Das Zurückschneiden der Haselnuss liefert lange, sehr angenehm verarbeitbare Zweige.	2 Jahre
Weide	Die Pflege der Kopfweiden (Silberweide oder Korbweide) erbringt biegsame Zweige, aus denen sich sehr leicht ein Gewebe herstellen lässt. Die Färbung variiert je nach Art.	1 bis 2 Jahre
Wolliger Schneeball	Traditionell für rustikale Flechtarbeiten verwendet, liefert er elastische Zweige für kleine Einzäunungen.	1 Jahr

Sichtschutz

Technische Schwierigkeit ★★
Zeitaufwand ⌛⌛
Kosten €

MATERIAL

- Robinienholzpfähle mit 1,50 m Länge (5 Pfähle für 4 Laufmeter vorsehen).
- Weiterverwertete Triebe aus dem Baumschnitt.
- Dachleisten mit den Abmessungen 2 x 4 x 200 cm.

WERKZEUG

- Vorschlaghammer, Brechstange, Zollstock, Holzschrauben, Akkuschrauber, Säge, Gartenschere.

Dieses Werkstück ist ein Beispiel für Flechtwerk, das einer kleinen Terrasse als Sichtschutz dient. Es hat den Vorteil, in kurzer Zeit montiert werden zu können: Da das Flechtwerk gut belüftet wird, erlaubt es die Wiederverwertung von verschiedenstem Schnittgut aus dem Garten, ohne sich über eine Sortierung nach Stärke Gedanken machen zu müssen. Ein perfektes Vorhaben, um sich im Februar oder März ein Wochenende lang die Zeit zu vertreiben ... und sich dann in der schönen Jahreszeit in der Sonne abzuschotten!

Ans Werk!

1. Schlagen sie die Pfähle mithilfe einer Brechstange und eines Vorschlaghammers 40 cm tief ein. Lassen Sie dazwischen jeweils 80 cm Abstand.
2. Verbinden Sie die Pfähle mit Dachleisten, die sie anschließend auf die gewünschte Länge zuschneiden. Beginnen Sie damit, die obere Querlatte zu verschrauben, dann die untere (eine dritte dazwischen liegende Leiste kann hinzugefügt werden, wenn Sie sich für einen höheren Sichtschutz entscheiden). Schrauben Sie anschließend vertikale Leisten fest, die den Zweck haben, dazwischen die Zweige einzuflechten. Lassen sie zwischen ihnen etwa 40 cm Abstand. Verfahren Sie so auf der gesamten Länge, die dem Flechtwerk als Rahmen dienen wird.
3. Ob Ihre Zweige aus Wildsammlung stammen oder es sich um die Wiederverwertung von Baumschnitt handelt – sie müssen ein wenig auf Vordermann gebracht werden. Bereiten Sie sie vor, indem Sie die Seitenzweige abschneiden, dabei aber eine möglichst große Gesamtlänge wahren.
4. Flechten Sie die Zweige in einigermaßen parallelen Schichten ein und stimmen Sie die einzelnen Abschnitte an der Rückseite miteinander ab.
5. Schneiden Sie für ein ordentlicheres Gesamtbild den Überstand an Zweigen ab.
6. Nutzen Sie Ihre Kreativität für das Spielen mit einem individuell gestalteten Sichtschutz, variieren Sie die Farbgebung und die Textur

1

2

3

4

5

6

Blumenschmuck für Flechtwerk oder einen leichten Zaun

Um einen Zaun aus Flechtwerk aufzulockern oder dafür zu sorgen, dass man im Sommer nicht hindurchsehen kann, sind die geeignetsten Ranken die von einjährigen Kletterpflanzen. Wenn man nämlich ausdauernde Kletterpflanzen wie Heckenkirschen, Waldreben oder Kletterrosen setzt, wird das Ganze rasch unkontrollierbar, weil das ständige Vorhandensein von Grün für permanenten Schatten und Feuchtigkeit sorgt, die die Alterung des Materials beschleunigen. Um sie zurückzuschneiden, muss man die bereits fest verankerten Ranken sorgfältig „auftrennen", sie vom Zaun nehmen und dann die auf dem Boden ausgebreitete Pflanze weiter beschneiden. Eine peinlich genau durchzuführende Arbeit. Einjährige Kletterpflanzen haben per Definition vergängliche Ranken. Sie werden im Frühjahr ausgesät, erobern das Flechtwerk während der schönen Jahreszeit, empfehlen sich beim ersten Frost und ahmen so mit ihrem Rhythmus unser Leben im Garten nach.

Farbenfrohe Auswahl

Schön wie Paradiesvögel, sind die sommerlichen Kletterpflanzen allesamt ungemein verführerisch. Für einen vollständigen Erfolg müssen Sie diejenigen aussuchen, die Ihrem Boden ebenso entsprechen wie dem Grad an Pflege und Gießaufwand, den Sie ihnen zuwenden können.

Die anmutige und üppige Himmelblaue Prunkwinde erfüllt Zäune und Flechtwerk rasch mit Leben.

Arten und Sorten	Eigenschaften	Anbauweise
Kapuzinerkresse	Feuerfarben und extrem schnell wachsend. Runde, sehr stark deckende Blätter. Blüht ab Juli. Höhe: 3 m.	Im April im Topf säen. Im Mai auspflanzen. Gute Gartenerde verwenden, konsequent gießen. Ihr Wachstum unterstützen, indem man sie mit Bast befestigt.
Glockenrebe	Tiefviolette Glocken, sehr kräftiges und eingeschnittenes Blätterwerk. Späte Blüte, nur für warme Gegenden. Höhe: 3 m.	Ab März an einem warmen Platz im Topf säen. Im Mai auspflanzen. Gute Erde verwenden, konsequent gießen.
Himmelblaue Prunkwinde	Mittelgroße Blüten in rötlich-violetten bis bläulichen Farbtönen. Sehr blütenreich und ausgesprochen kräftig. Schönes üppiges Blätterwerk. Blütezeit Ende Juni. Höhe: 3 bis 5 m.	Im Topf im April oder vor Ort ab Mai säen. Kommt damit zurecht, wenn die Erde nicht sehr nährstoffreich ist und man das Gießen manchmal vergisst.
Ipomoea quamoclit	Ganz kleine röhrenförmige rote Blüten. Eingeschnittenes dunkelgrünes Laub. Verträgt Halbschatten. Blüte ab Mitte Juli. Höhe: 2 m.	Im März an einem warmen Platz im Topf säen. Im Mai auspflanzen. Nährstoffreiche Böden und regelmäßiges Gießen.
Feuerbohne oder Käferbohne	Kräftige Ranken, sehr schnelles Wachstum. Große Trauben von roten Blüten. Blüte ab August. Höhe: 3 m.	Im Mai vor Ort aussäen. Alle Arten von Böden. Regelmäßiges Gießen.
Sternwinde oder Spanische Flagge	Blüten in Rispenform und abgestufte sonnengelbe Farbtöne. Dunkelgrünes Laub. Für warme Standorte. Höhe: 3 m und mehr.	Im März an einem warmen Platz im Topf säen. Im Mai auspflanzen. Nährstoffreiche und nicht zu feuchte Böden. Regelmäßiges Gießen.
Ballonrebe	Gewundene Ranke. Schnelles Wachstum. Schönes Laub in einem frischen Grün. Dekorative Früchte in Herzform, erst grün, dann braun. Höhe: 2 m.	Im Topf im April oder vor Ort ab Mai säen. Kommt mit karger Erde und gelegentlich vergessenem Gießen zurecht.
Schwarzäugige Susanne	Schnell wachsende Ranke und lanzettförmiges Blattwerk in kräftigem Grün. Orange oder gelbe Blüten, im Zentrum schwarz. Höhe: 3 m.	Im März an einem warmen Platz im Topf säen. Im Mai auspflanzen. Nährstoffreiche Böden und regelmäßiges Gießen.

Auspflanzen und Abdecken

Setzen Sie die Pflanzen in sorgfältig vorbereiteten Boden, der auf 40 bis 50 cm Breite zerkrümelt und gejätet ist. Für die Feinschmecker-Sorten können Sie eine „Lasagne" (siehe Glossar) zubereiten, die sie noch üppiger wachsen lassen wird! In 15 oder 20 cm Entfernung vom Flechtwerk auspflanzen. Mit Eigenbau-Hackschnitzeln oder trockenen Blättern abdecken.

Binden Sie die Triebe – ihrem Wachstum entsprechend und nur die Ranken, wo es erforderlich ist – an die Stütze. Entfernen Sie am Ende der Gartensaison rasch die Reste, vor allem am Fuß des Zaunes, um ein Vermodern des Holzes zu verhindern.

Gitterwerk mit variabler Geometrie

Technische Schwierigkeit ★★
Zeitaufwand ⌛⌛
Kosten €

MATERIAL

Für einen 3 x 2 m großen Rahmen:

- 6 dreijährige Kastanientriebe, gespalten und mit dem Ziehmesser entrindet, davon:
  - 3 Pfähle zu 2 m
  - Querstreben zu 3 m.
- 8 Haselnusstriebe zu 1,80 m.
- 2 Dachleisten zu 2 m.

WERKZEUG

- Hammer, Nägel, Ziehmesser, Beil, Holzkeil, Messlatte aus Holz oder Metall.

Zu beachten:
Die Abmessungen dieses Rahmens ermöglichen eine einfache Handhabung und ein Unterstellen im Winter. Verändern Sie die Abmessungen nach Bedarf.

Dieser Schattenspender reduziert Sonneneinstrahlung auf Junggemüse und begrenzt Verdunstung. Gemüsebeete verlieren den bloßen Ertragscharakter und werden zu einem schönen Garten. Ein kostenloses Permakultur-System, das Kreativität, Wiederverwertung und Wiederverwendung keine Grenzen setzt.

Verwenden Sie vorzugsweise Bambus oder stärkere Kastanientriebe, gespalten oder auch nicht, um den Rahmen dieses Gitterwerkes umzusetzen, sowie für seine Auskleidung zusammengesammelte Zweige aus Garten oder Wald (Haselnuss, Weide, Schneeball, Hartriegel). Wie beim Korbflechten mit selbst geerntetem Material ist alles verwendbar, was biegsam ist und verflochten werden kann!

Ans Werk!

1. Schaffen Sie das Grundgerüst, indem Sie durch Vernageln (oder Verschrauben) Pfähle und Querstreben miteinander verbinden. Eine Messlatte hilft, die 3 Pfähle zu blockieren, um sie perfekt auszurichten.

2. Vervollständigen Sie die Vorrichtung mit alle 25 cm vertikal angenagelten Haselnusstrieben.

3. Verstärken Sie den unteren Teil der Rückseite, indem Sie 2 Dachleisten anschrauben, die in der Mitte des Spaliers ansetzen und diagonal nach unten und nach außen verlaufen. Die Dachleisten werden vorweg an den Enden zugeschnitten, damit sie sich bestmöglich dem Rahmen anpassen. Sie können beliebig ergänzen, indem Sie Triebe mit geringerer Stärke quer oder diagonal festnageln, beim Rahmen beginnend. Die Verbindung beider Stile ermöglicht die Erzeugung zahlreicher dekorativer Effekte.

Auskleidung
Säen Sie bzw. pflanzen Sie nach dem letzten Frost Klettergemüse und Kletterblumen für eine üppige und farbenfrohe Mischung. Feuerbohnen, Prunkwinden, Kapuzinerkresse und Glockenrebe kombiniert mit Grünen Bohnen, Rispentomaten, Gurken, Hokkaidokürbis und Kürbissen in allen Farben. Ein Genuss für das Auge und auf dem Teller!

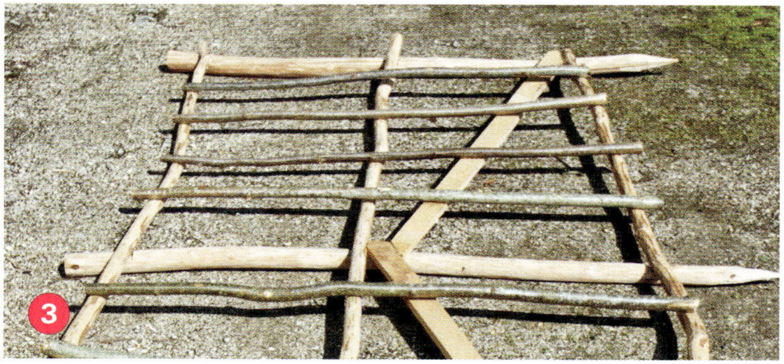

Kreiert von Michel Pein.

Spaliere

Spaliere sind ebenso ästhetisch wie praktisch und für den Gartenbau unentbehrlich geworden. Sie unterteilen unseren Garten in Lebensräume und verdecken die Mauer des Nachbarn oder ein wenig unansehnliche Ecken.

Um den Gemüsegarten vor der Sonnenglut zu schützen, kann man, wenn Bäume fehlen, aus dekorativen Spalieren rasch Schattenspender erschaffen. Solche kleinen Systeme aus transportablen Abschirmungen stellt man im Winter her und installiert sie im Frühjahr. Ein paar einjährige Kletterpflanzen oder Klettergemüse, ebenso schnell ausgesät wie wachsend, verwandeln jedes Beet von Juli an in eine grüne Kammer.
Im Sortiment von Abschirmungen, die Sie herstellen, kann jede einzelne unterschiedlich gestaltet sein: Arbeiten, die aus Rechtecken zusammengesetzt sind, aus Vs, aus Zickzackmustern, aus Rauten – sie sind vollkommen frei bei Ihren Schöpfungen. Das Hinzufügen von Hühnergitter ergibt hübsche Effekte und hilft Pflanzen wie Gurken und Kapuzinerkresse, die sich mit dem Klettern schwertun.

.

Instandhaltung

Um seinen Werkstücken eine lange Lebensdauer zu sichern, ist es vernünftig, sie Ende Oktober unterzustellen, nachdem man sie sorgfältig von hängen gebliebenen Überresten befreit hat. Geschützt und schön gerade an der Wand eines Schuppens verstaut, werden solche Spaliere mehrere Jahre lang halten. Bevor man sie wieder im Garten aufstellt, braucht es eine vollständige Wartung, im Zuge derer man beeinträchtigte Teile austauscht!

Jardins de Cadiot.

Jardins de Sauveterre.

Entwurf von Michel Pein.

Entwurf von M chel Pein.

Spalier aus Holzlatten

Technische Schwierigkeit ★★
Zeitaufwand ⌛⌛⌛
Kosten €

MATERIAL

Für dieses Spalier mit einer Höhe von 1,50 m und 1,10 m Breite:

- 20 Latten von 2 m Länge, 3 cm Breite und 1 cm Stärke.

WERKZEUG

- Nägel, Hammer, Winkelmaß, Bohrmaschine, Schrauben, Akkuschrauber, Zollstock.

Wenn man sie geschickt auf „italienische" Art am Rand des Grundstückes positioniert, verlängern Trennwände den Raum optisch in Richtung Landschaft oder bieten schöne Sichtachsen zur Stadt hin.

Man kann wiederverwertetes Material wie Bambus, Hartriegel und Haselnuss verwenden oder beständigeres Holz wie junge Kastanientriebe und Latten (Leisten) aus Douglasie, die zum Heimwerken verwendet werden. Letztere werden sich als wesentlich haltbarer erweisen, vor allem, wenn Sie sie zusätzlich regelmäßig mit einer Lasur oder einem Anstrich schützen.
Um das Spalier auszuschmücken, kann man Kletterpflanzen setzen (Kletterrosen, Heckenkirschen, Glycinie ...) oder, für einen Express-Blumenschmuck, einige Samen Prunkwinden, Kapuzinerkresse, Feuerbohnen etc. aussäen (*siehe S. 55*).

Wagen Sie Varianten!

- Indem Sie ein rechteckiges Gitterwerk dadurch schaffen, dass Sie die erste Serie von Leisten vertikal und die zweite horizontal festnageln.
- Indem Sie den Rahmen in zwei Bereiche unterteilen: den unteren Teil, der aus rechteckigen Einheiten besteht, und den oberen, luftigeren, der mit einem Hühnergitter oder einem Satz Haselnusstriebe ausgekleidet ist.

Instandhaltung

Das fertige Spalier kann an eine Wand geschraubt oder mit Füßen versehen und im Boden verankert werden. Die zweite Variante ermöglicht, es während des gesamten Winters trocken zu lagern – nach einer Komplettreinigung. Es lässt sich einfach reparieren, indem man bei Abnützung oder Beschädigung Leisten austauscht.

Jardins de l'Albarède.

Ans Werk!

1 Bauen Sie den Rahmen, indem Sie 4 Leisten miteinander verbinden. Sehen Sie dafür 2 Leisten zu 1,50 m und 2 zu 1,10 m vor und nageln Sie dann die 1,10-m-Leisten auf die 1,50 m langen. Überprüfen Sie sorgfältig an jeder Ecke den rechten Winkel, bevor Sie die Leisten fixieren.

2 Montieren Sie die erste „Schicht" des Gitterwerkes: Beginnen Sie damit, die erste Leiste in der rechten oberen Ecke des Rahmens zu setzen. Positionieren Sie diese mit ihrem oberen Ende 10 cm von der Ecke entfernt auf der einen Leiste und das untere Ende mit 13 cm Abstand von der Ecke an der anderen Leiste. Schneiden Sie die Enden schräg ab, damit sie sich genau dem Verlauf des Rahmens anpassen. Überprüfen und korrigieren Sie die Position vor dem Zuschneiden.

3 Versehen Sie mithilfe der Bohrmaschine (oder eines Handbohrers für Holz) die obere Leiste mit einer Vorbohrung, dann festnageln oder verschrauben.

4 Fahren Sie nach diesem Muster mit allen Leisten fort und schneiden Sie jede weitere um 10 cm länger zu, damit der richtige Abstand gewahrt bleibt, bis Sie die linke untere Ecke erreicht haben. Der Abstand zwischen den Leisten wird 13 cm betragen.

5 Montieren Sie anschließend die zweite Serie von Leisten, die diagonal auf der ersten Serie zu liegen kommen. Positionieren Sie die erste Latte genau von der linken oberen Ecke bis zur rechten unteren Ecke; so, dass diese den Rahmen vollständig quert. Montieren Sie dann die Leisten auf beiden Seiten davon. Man erhält auf diese Weise ein rautenförmiges Sprossenmuster. Das lichte Maß der Diagonalen beträgt 16 cm in der Breite und 21 cm in der Höhe.

Zu beachten:
Alle angegebenen Maße können variieren, in Abhängigkeit von der Breite der Leisten, die nicht immer gleichmäßig ist.

1

2

3

4

5

Eine Pergola, schnell!

Technische Schwierigkeit ★★★
Zeitaufwand ⌛⌛⌛
Kosten €€€

MATERIAL

Für dieses Modell von 2 x 6 m:

- 8 Robinienholzpfähle mit einer Länge von 2,50 m und 10 cm Breite bzw. Stärke.
- 4 Sparren aus Douglasie mit einer Länge von 2,20 m und 8 cm Breite bzw. Stärke.
- 15 Querstreben aus Douglasie mit einer Länge von 2 m, 8 cm Breite und 4 cm Stärke.
- 4 Pflöcke mit einer Länge von 1,20 m (Stützstreben).
- Für Betonfundamente (wahlweise): Kieselsteine, Beton, Nägel.

WERKZEUG

- Kalk, Richtschnur, Hammer, Nägel (14 cm), Brechstange, Vorschlaghammer, Wasserwaage, Motorsäge, Messlatte, Schrauben für Holz (80 mm), Zollstock, Akkuschrauber, Bohrmaschine, Leiter, Spitzschaufel, Pickel, 16 Stützpflöcke von je 1 m Länge, ggf. Betonmischmaschine.

Zu beachten:
In Ermangelung von Robinienholz für die Pfähle Kastanie verwenden und die Spitze der Pflöcke in der Flamme eines Schneidbrenners härten.

Schutz vor der Sonnenhitze braucht man im Sommer … aber mit den Arbeiten dafür muss man im Winter beginnen! Auch wenn der Bau einer Pergola keine besonderen technischen Kenntnisse erfordert, benötigt er doch einige Zeit konzentrierter Arbeit und, mehr noch, ein wenig Hilfe, denn weder die Pfähle ganz allein zu setzen und auszurichten noch die Sparren hochzuziehen ist einfach.
Erstellen Sie vor Beginn der Arbeiten einen genauen Plan, in dem Sie den verfügbaren Platz vermessen. Passen Sie ihn dann Ihren Wünschen an: Sehen Sie sich an, ob die Pergola die Verlängerung eines Gebäudes sein soll oder sich vielmehr in der Vegetation verstecken wird, ermitteln Sie die Sonneneinstrahlung, bestehende und entstehende Schatten usw.

Welche Holzart wählen?

Sie können für die Querstreben unterschiedliche Holzarten verwenden (Sparren aus Lärche, Douglasie, Eiche, Kastanie oder Bambus), aber wenn Sie ausdauernde und schwerere Kletterpflanzen (Kletterrosen, Strahlengriffel, Glycine, Amerikanische Klettertrompete) aufbinden müssen, dann entscheiden Sie sich für das haltbarste Material, damit Sie es nicht alle fünf Jahre auseinandernehmen und neu montieren müssen.
Lärche, Douglasie und Kastanie sind von Natur aus sehr witterungsbeständige Holzsorten und benötigen keinerlei chemische Behandlung. Ebenso verhält es sich mit Bambus, unter der Voraussetzung, dass man fünfjährige Rohre verwendet, damit seine Haltbarkeit maximal ausfällt. Zu junges Material verkommt rasch.

Pergolen sind ideal, um einem kleinen Garten Volumen und etwas Geheimnisvolles zu verleihen (Garten von Guy Thénot).

Betonfundamente?

Um die Pfähle in Kiesböden zu verankern oder sie in lehmigem Untergrund, der im Sommer zusammenschrumpft, zu stabilisieren, empfehlen sich Fundamente aus Beton. Graben Sie dafür am Aufstellungsort jedes Pfahles Fundamente von 50 cm Tiefe und 30 cm Breite und richten Sie diese mit der Richtschnur aus. Schütten Sie 10 cm hoch beliebige Kieselsteine hinein und klopfen Sie diese fest. Bereiten Sie die Pfähle vor, indem Sie an deren Fuß 8 cm lange Nägel einschlagen, 2 an jeder Seite mit 30 cm Abstand dazwischen; lassen Sie diese weit herausstehen, um den Pfahl damit im Beton zu verankern. Richten Sie in den betongefüllten Gruben die Pfähle auf und fixieren Sie diese mit den Stützpflöcken. Überprüfen Sie mit der Wasserwaage stets die lotrechte Aufstellung.

Ans Werk!

1 Zeichnen Sie die Trasse unter Verwendung der Richtschnur mit Kalk auf den Boden. Rechnen Sie 2 m für die Breite und eine beliebige Länge. Stechen Sie mit der Brechstange provisorische Löcher, um das Setzen der Pfähle zu erleichtern, und kalkulieren Sie mit einem Pfahl alle 2 m.

2 Schlagen Sie die Pfähle mit dem Vorschlaghammer 40 cm tief ein. Überprüfen Sie jedes Mal mit der Wasserwaage die senkrechte Aufstellung. Schlagen Sie mit dem Vorschlaghammer die Stützstreben schräg ein, etwa 70 cm vom Pfahl entfernt, und fixieren Sie sie an diesem in etwa 80 cm Höhe, indem Sie dort eine Einkerbung setzen und sie dann anschrauben. Trick: Schneiden Sie die Stützstrebe erst zu, nachdem Sie diese eingeschlagen haben, damit sie der Höhe der zuvor gesetzten Einkerbung entspricht. Überprüfen Sie mit der Messlatte, der Wasserwaage und der Richtschnur, dass alle Pfähle genau aufeinander ausgerichtet und gleich hoch sind.

3 Nun wird der obere Teil des Bauwerkes errichtet. Verbinden Sie zuallererst die beiden Reihen von Pfählen miteinander, immer 2 davon der Breite nach und mithilfe der 2,20 m langen Sparren, indem Sie diese festschrauben und auf jeder Seite 10 cm weit hervorstehen lassen.

4 Montieren Sie dann darüber die Streben in Längsrichtung der Pergola, in Abständen von 50 cm und durch Fixieren mit 80 mm langen Schrauben. Achten Sie darauf, mithilfe eines Bohraufsatzes für Metall Vorbohrungen anzubringen – vor allem im von Natur aus sehr harten Robinienholz –, um das Eindringen der Holzschrauben zu erleichtern. Wenn Sie sich für Bambus entscheiden, so wird dieser mit Seilverbindungen gründlich verzurrt.

Festes Verzurren

Es handelt sich dabei um eine Pfadfinder-, Marine- und Heimwerker-Befestigungsmethode. Man befestigt die Verknüpfung an einem der Hölzer und führt sie dann in mehreren Durchgängen ringsum immer wieder um die einzelnen Hölzer herum, um diese miteinander zu verbinden (Lehrvideos im Internet).

Jardins de Cadiot.

Instandhaltung

Das Holz kann im Naturzustand bleiben, Sie können es aber auch einfärben, indem Sie eine Lasur oder eine Mischung aus Kupferoxychlorid und Schmierseife anbringen, um ihm eine türkise Färbung zu verleihen.

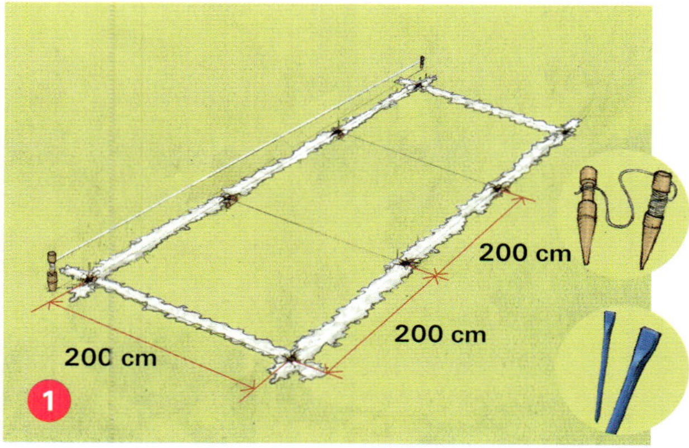

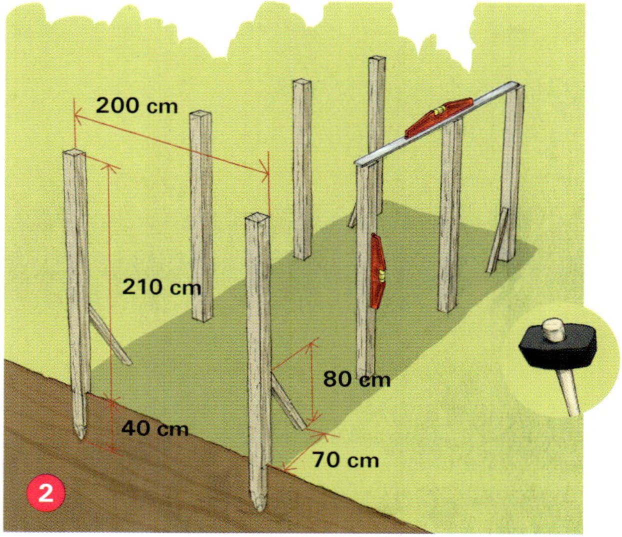

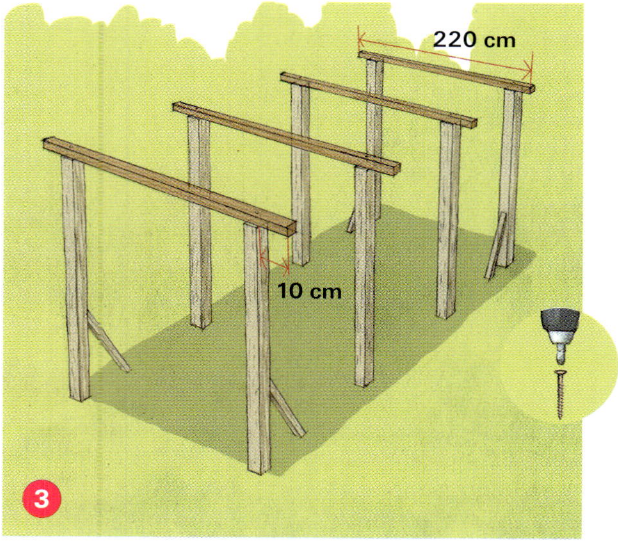

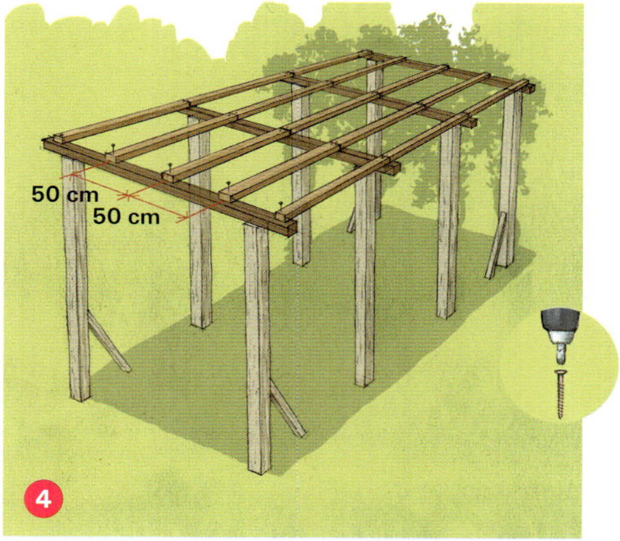

Pergola bepflanzen

Zahlreiche Kletterpflanzen können dazu dienen, eine Pergola zu schmücken. Passen Sie Ihre Wahl der Art der Verwendung und der Stabilität der Trägerkonstruktion an.

Das Setzen erfolgt am Fuß der Pfähle, indem man in etwa 20 cm Entfernung davon eine kleine Pflanzgrube aushebt. Sie wird die ausgewählten Kletterpflanzensetzlinge aufnehmen und mit sehr reifem Kompost gefüllt, vermischt mit der ursprünglichen Erde und vervollständigt durch eine Handvoll Horndünger. Im Laufe des Wachstums der Pflanzen je nach Bedarf aufbinden.
Jedes Jahr am Ende des Winters brauchen die meisten Arten einen entsprechenden Schnitt, damit sie ihre Üppigkeit bewahren und ein neuerliches Aufblühen angeregt wird. Im Falle besonders kräftiger Ranken ermöglichen es ein oder mehrere Sommerschnitte pro Saison, die Pergola hell und luftig zu halten.

Welche Pflanzen für den Blumenschmuck meiner Pergola?

große Pergola	kleine Pergola
Amerikanische Klettertrompete: Hellgrünes Laub und orange Trompeten während des gesamten Sommers. Sonniger Platz.	**Japanisches Geißblatt** („Halliana", *Lonicera heckrottii*): Stark duftend. Alle Arten von Böden, verträgt auch kalkreiche. Sonniger Platz oder Halbschatten.
Chinesische Wisteria: Violette Trauben von duftenden Blüten im Mai. Sehr kräftig. Gute Erde erforderlich.	**Waldreben** (*Clematis montana, Clematis tangutica*, „Madame Julia Correvon"): Ziehen Sie Wildpflanzen vor und schützen Sie den Fuß mit einer Mönchspfanne oder indem Sie einen ausdauernden Bodendecker pflanzen.
Rose: Große biegsame Kletterrose (Alberic Barbier, Paul Transon, Adélaide d'Orléans, Banks). Die Rosen müssen alljährlich mit Kompost versorgt werden. Schnitt im März, dann Sommerschnitt im Laufe der Gartensaison.	**Rose:** Kleine Kletterrose oder Rose mit biegsamen Trieben (Ethel, The Garland, Wichuraiana, Wedding Day). Die Rosen müssen alljährlich mit Kompost versorgt werden. Schnitt im März.

Seagull-Rose, Zistrose und ausdauernde Pflanzen (Jardins de Cadiot).

Laubenweg

Technische Schwierigkeit ★★
Zeitaufwand ⌛⌛
Kosten €€

MATERIAL

- Entrindete Robinienholzpfähle mit einer Länge von 2,20 m und 8 cm Breite bzw. Stärke.
- 4 Pflöcke mit einer Länge von 1,20 m (Stützstreben).
- 10 mm starker Betonstahl (1 Stab für je 2 Pfähle).
- Galvanisierter Eisendraht.
- 1 Tube Silikonkitt.

WERKZEUG

- Richtschnur, Brechstange, Vorschlaghammer, Leiter, Bohrmaschine, Bohraufsatz (12 mm), Messlatte, Wasserwaage.

Der Laubenweg ist aus den Chorumgängen der mittelalterlichen Kathedralen hervorgegangen und ermöglicht die Wonnen eines meditativen Spazierganges. Er ist auch eine schöne Art, den Garten zu strukturieren, ihm Charakter zu verleihen, indem man mit den Volumina spielt.

Dieses sehr einfache und leichte Modell vereint Holz und Metall. Die Struktur setzt sich aus großen Robinienholzpfählen und Arkaden aus Sichtbetonstahlstäben zusammen. (In Ermangelung von Robinienholz Kastanie verwenden und deren Spitze im Feuer härten oder mit Beton versiegeln.) Diese Kombination verleiht der Konstruktion mehr Leichtigkeit als eine vollständig aus Holz bestehende Pergola.

Dafür besteht aber nicht die Möglichkeit, dass besonders schwere Kletterpflanzen wie die Glycinie oder die Amerikanische Klettertrompete daran anhaften.

Ans Werk!

1. Markieren Sie die Trasse auf dem Boden (Breite: 1,20 m), indem Sie eine Richtschnur spannen, und schlagen Sie die Pfähle mit dem Vorschlaghammer 40 cm tief ein. Rechnen Sie mit einem Pfahl auf jeweils 1,50 m.
2. Sie können an jedem der vier Pfähle an den Enden der Konstruktion eine Stützstrebe setzen, um die Struktur zu verstärken. Schlagen Sie die Stützstreben mit dem Vorschlaghammer schräg ein, etwa 70 cm vom jeweiligen Pfahl entfernt. Fixieren Sie sie in einer Höhe von etwa 80 cm an diesem, indem Sie am Pfahl eine Einkerbung setzen und die Stützstrebe festnageln. Überprüfen Sie mit Messlatte und Richtschnur Ausrichtung und Höhe.
3. Schneiden Sie 10 mm starke Betonstahlstäbe zu (und rechnen Sie zur gewünschten Länge 20 cm für die Verankerung hinzu). Biegen Sie diese mithilfe einer runden Form zurecht, um eine geeignete Ausführung für das Gewölbe zwischen jeweils zwei Pfählen zu erhalten. Bohren Sie in jeden Pfahl ganz oben ein 10 cm tiefes mittiges Loch. Stecken Sie die Betonstahlstäbe hinein und bringen Sie den Silikonkitt an, damit dort kein Wasser eindringt.
4. Sobald die Rundbögen montiert sind, verbinden Sie diese auf der ganzen Länge mit galvanisiertem Eisendraht, um in jeweils 20 cm Abstand Zeilen für das Aufbinden der Triebe zu schaffen und so die Gesamtstruktur zu versteifen. Das unbehandelte Holz wird im Laufe der Jahre eine Patina annehmen.

Bauvariante

Sie können auch Flachstahl verwenden, der gebogen und mit Eisendraht oder wiederverwerteten Fahrradschläuchen direkt an die Pfähle gebunden wird. Anschließend zur Fertigstellung die Verbindung mit Sisalschnur verdecken (*siehe S. 82*).

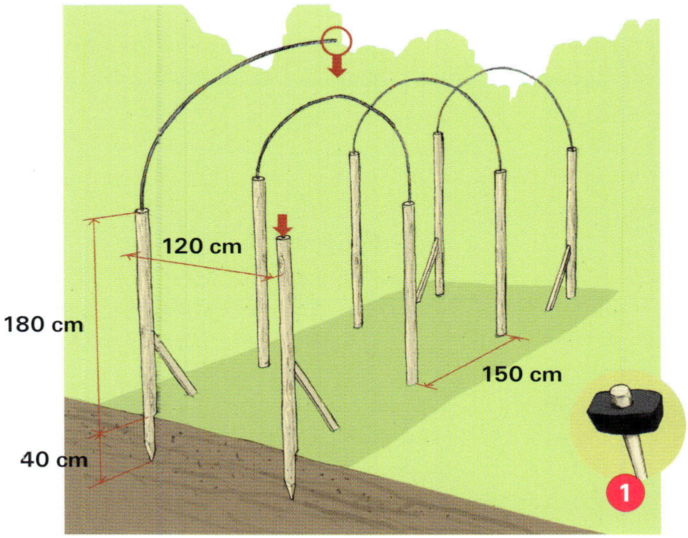

Diese Variante ohne Betonstahl ist aus Kastanienholz, das von einem Profi über Dampf gebogen wurde. Einen ähnlichen Effekt kann man erzielen, indem man geschmeidig gemachte und festgeschraubte Triebe verwendet.

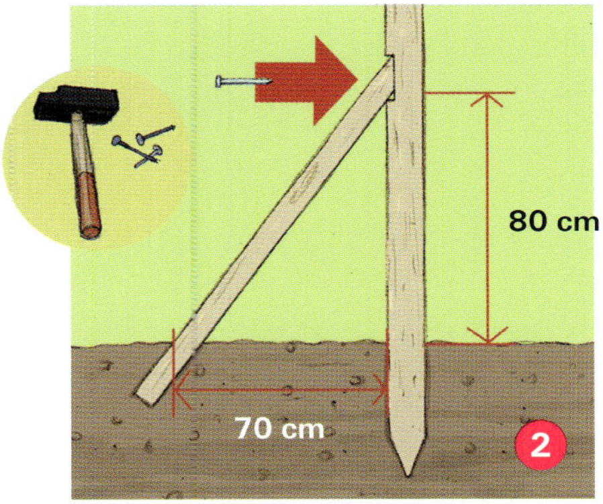

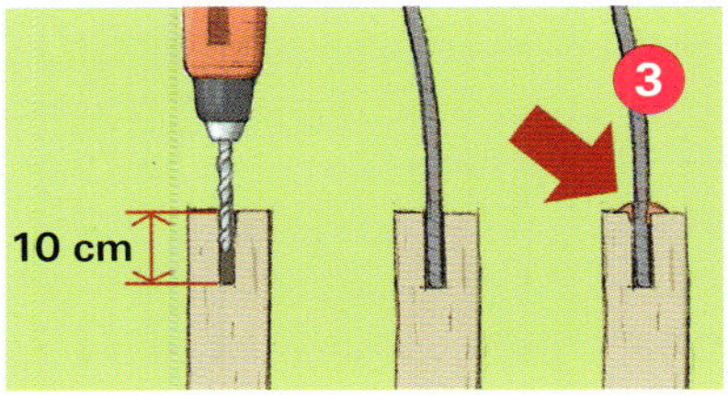

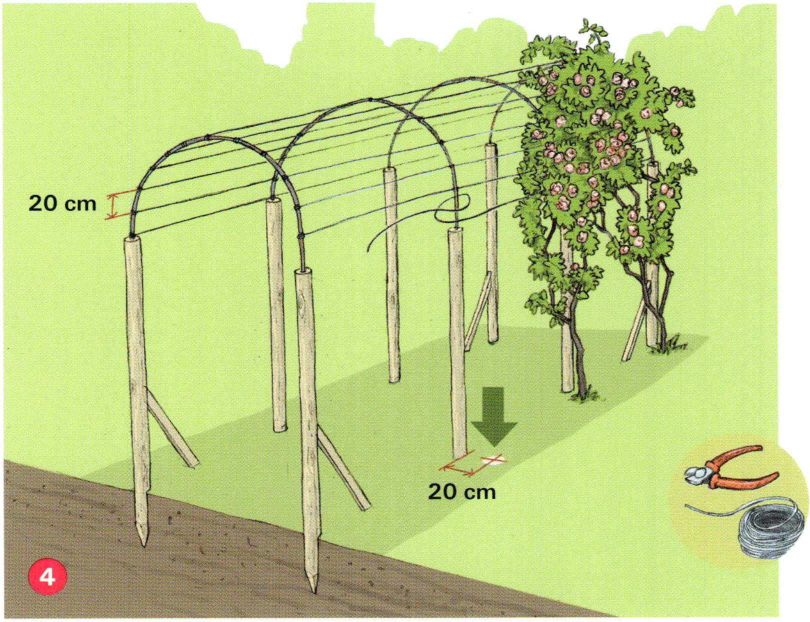

Eine Terrasse für schöne Tage

Im Winter warm und in der schönen Jahreszeit angenehm unter den bloßen Füßen, lädt Holz dazu ein, im Freien zu leben! Direkt am Haus gelegen, wird eine Terrasse aus Holz rasch zu einem zusätzlichen Raum zum Leben und einem einladenden Spielplatz für die Abenteuer der Kinder.

Technische Schwierigkeit ★★★
Zeitaufwand ⧖⧖⧖
Kosten €€€

MATERIAL

Für eine 12 m² große Terrasse (3 m x 4 m):

- Terrassendielen.
- 7 Pfetten von 4 m Länge, 20 cm Breite und 8 cm Stärke.
- 22 Stützbalken von 1,50 m Länge ODER 11 Balken von 3 m Länge aus Douglasie (6 x 8 cm), sägerau oder gehobelt.
- 12 m² Geotextil und Metallklammern.
- Beton, Hohlblockstein oder Pflasterstein (für 21 Auflagen).

WERKZEUG

- Schaufel, Pickel, Handstampfer, Wasserwaage, Messlatte, Richtschnur, Bleistift, Keile (5 oder 6 mm), Kreissäge, Akkuschrauber, Bohraufsatz, Schrauben (120 mm), Motorsäge.

Terrassen bestehen aus Holzdielen, die auf einer tragenden Struktur – auf Pfetten befestigten Balken – verlegt werden, um sie vor der Bodenfeuchtigkeit zu schützen und ihnen ein ausgewogenes Fundament zu geben. Sie haben die Wahl zwischen **geriffelten Dielen** oder **glatten Dielen**. Geriffelte Dielen sind weiter verbreitet und werden im Allgemeinen empfohlen, um die Gefahr des Ausrutschens zu reduzieren; das kann sich im Gebrauch allerdings als unwirksam erweisen, da diverse organische Substanzen sich rasch in den Rillen festsetzen und das Entstehen von rutschigen Algen befördern (*siehe Instandhaltung, S. 75*). Glatte Dielen bringen das Holz noch besser zur Geltung und lassen sich einfach reinigen. Gut zu wissen: Wenn Sie keine glatten Dielen auftreiben können, können Sie geriffelte kaufen und diese dann verkehrt herum verlegen.

Welche Holzart wählt man für eine Terrasse?

Beim Kauf stellt sich die Frage nach der Qualität des verwendeten Holzes. Um nicht dem Lockruf des Tropenholzes zu erliegen, dessen Ökobilanz ausgesprochen schlecht ist, muss man die großen Handelsketten links liegen lassen und nach kleineren Händlern suchen – Unternehmen, die die Eigenschaften der einheimischen Holzarten gut kennen. Sie sind oft günstiger als hochwertiges Tropenholz und stehen diesem in nichts nach, wenn die Trocknung unter den richtigen Bedingungen erfolgt ist und sie korrekt verlegt werden. Beim Kauf müssen die Dielen weniger als 20 % Feuchtigkeit aufweisen. Überprüfen Sie sorgfältig, dass sie fest verschnürt und nicht verzogen sind.

Geländer aus gestrichener Kastanie und Terrasse aus unbehandelter Douglasie ergeben eine harmonische Kombination.

Lagern Sie sie nach dem Kauf flach, ohne die Verschnürung zu lösen, nicht auf dem Erdboden und geschützt vor Feuchtigkeit.

Wir empfehlen Ihnen nochmals, heimischem Hartholz den Vorzug zu geben, das eine ökologische Bewirtschaftung des Waldes und eine zufriedenstellende Lebensdauer des Bauwerks garantiert:

Für die Dielen:

- Douglasie: Klasse III. Kann unbehandelt bleiben, wenn sie nicht in Kontakt mit dem Erdboden kommt.
- Lärche: Klasse III, unbehandelt. Mit der Zeit sehr schöne Patina.
- Robinie: praktisch Klasse IV, unbehandelt. Sehr haltbar. Häufig in kurzen Dielen (2 m) erhältlich.
- Waldkiefer, thermisch und mit Boraten behandelt: Klasse III. Gutes Holz zu einem geringen Preis.
- Kastanie: Klasse III, unbehandelt. Solide, aber man muss Holz finden, das mindestens ein Jahr lang angemessen gelagert worden ist, damit es genug Zeit gehabt hat, das Flecken verursachende Tannin auszuscheiden.

Für die Stützbalken:

- Vorzugsweise Douglasie oder Lärche verwenden.

Vorsicht!

Wir raten von thermisch behandeltem Holz ab, das für eine Terrasse zu empfindlich ist und dessen zu trockene Dielen sich beim Verlegen spalten und kaputtgehen. Sie kommen für andere Zwecke zum Einsatz, etwa die Verkleidung von Wänden.

Ans Werk!

Der Bau der Unterlage

1 Messen Sie den Standort der Terrasse mit der Richtschnur aus und markieren Sie die Umrisse mit Kalk. Graben Sie bis auf die notwendige Tiefe ab, die vom gewünschten Endergebnis abhängt: Die Terrasse kann auf der gleichen Höhe sein wie der Garten oder leicht erhöht. Für eine Terrasse auf Höhe des Gartens mit dem Pickel und dann der Schaufel arbeiten und 20 cm Erde abtragen.

Anschließend mit dem Rechen auf gleichmäßige Höhe bringen und mit dem Handstampfer verdichten, um den Untergrund gut zu stabilisieren. Legen Sie ein Geotextil aus, um das Heraufdringen von Unkraut zu verhindern. Fixieren Sie es mithilfe von Metallklammern für Bauvlies.

2 Montieren Sie anschließend die Träger für die Pfetten: vor Ort gegossene Betonstützen, Hohlblocksteine oder Pflastersteine. Sie werden in der Breite in Abständen von 50 cm (Abstand zwischen den Pfetten) und – bei dieser Terrasse, deren Länge 4 Meter beträgt – in Längsrichtung in Abständen von 2 m (also 3 Stützen pro Reihe) gesetzt. Überprüfen Sie stets mit der Wasserwaage, ob sie tatsächlich auf gleicher Höhe sind. Dieser Schritt ist sehr wichtig: Sie müssen unbedingt die gleiche Höhe aufweisen.

3 Legen Sie die Pfetten auf ihre Stützen.

4 Verbinden Sie sie miteinander, indem Sie an beiden Enden Balken legen. Verlegen Sie dann die dazwischenliegenden Balken in regelmäßigen Abständen. Sie werden Abstände von etwa 40 cm aufweisen.

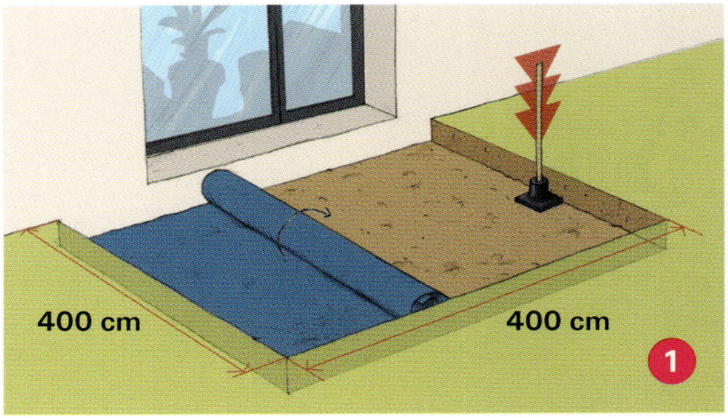

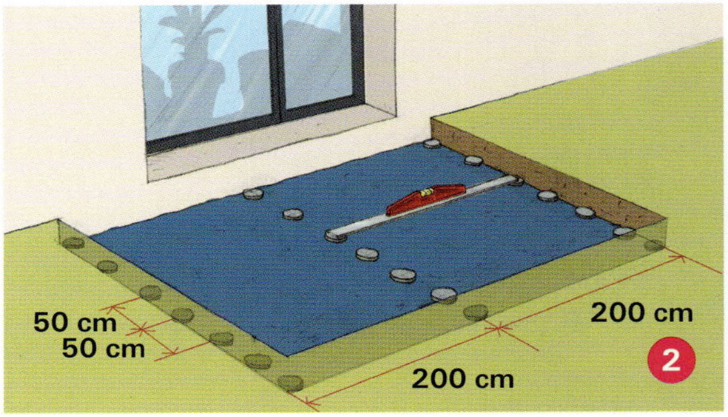

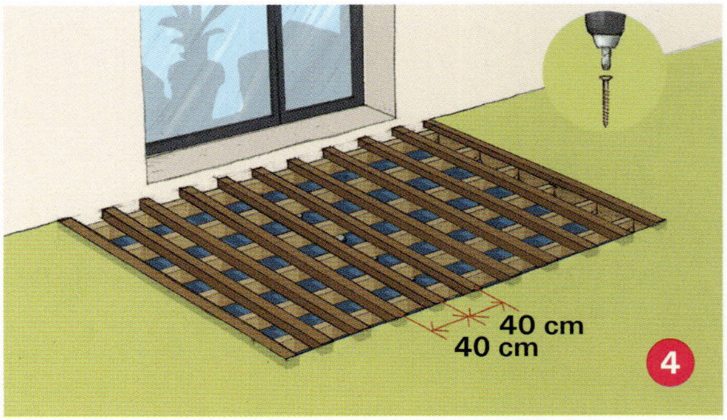

Die Verlegung der Dielen

5 Beginnen Sie mit der Fixierung der einzelnen Dielen, indem Sie diese rechtwinklig auf den Balken platzieren. Achten Sie darauf, sie perfekt aneinander zu fügen, indem Sie die Dielen mit der Kreissäge zuschneiden, um ihre Länge erforderlichenfalls zu korrigieren.

6 Denken Sie daran, einen Abstand von 5–6 mm zwischen den Dielen zu lassen, damit Luft durchkommt und das Regenwasser abfließt, aber auch, weil das Holz einen Spielraum braucht und „arbeitet". Um gleichmäßige Abstände zu erzielen, kleine Holzkeile verwenden.

7 Vor dem Verschrauben mithilfe eines kleineren Bohraufsatzes Vorbohrungen anbringen, um zu vermeiden, dass die Spitze der Schrauben auf dem Hartholz kaputt geht. Die Schrauben werden 2 cm vom Rand entfernt angebracht, 2 Schrauben an jedem Schnittpunkt mit einem Balken. Schrauben Sie sie vollständig ein! Über eine Holzterrasse geht man oft barfuß, und an einer Schraube hängen zu bleiben, ist sehr schmerzhaft. (Es besteht auch die Möglichkeit, die Verlegung mithilfe von Nägeln vorzunehmen.)

5

6

7

Instandhaltung

Das Holz wird mit der Patina eine schöne graue Färbung annehmen, aber Achtung vor der Sturzgefahr in der feuchten Jahreszeit! Um nicht auf Ihrer Holzterrasse auszurutschen, ist das Wichtigste, sich um deren regelmäßige Instandhaltung zu kümmern. Wie eine Terrasse mit Steinplatten sollte man sie mit Seifenwasser und einem Schrubber oder mit einem Hochdruckreiniger säubern, dabei aber die notwendigen Vorkehrungen treffen, um die Dielen nicht zu beeinträchtigen. Arbeiten Sie mit moderatem Druck und halten Sie einen gewissen Abstand zu den Dielen. Wenn Sie dann die verschiedenen Schmutzschichten losgeworden sind, werden Sie wieder eine tadellose und sichere Terrasse haben.

Pflanzen für die Terrasse

Sobald die Arbeiten abgeschlossen sind, ist es verlockend, sofort damit zu beginnen, dort Töpfe mit Blumen und Tröge für Sträucher zu installieren. Ein wenig Planung bei der Auswahl der Gewächse und der Vorbereitung der Gefäße ermöglicht Ihnen, sie über mehrere Jahre zu erhalten und zu jeder Jahreszeit von einer angenehmen Umgebung zu profitieren.

Einen Topf oder Trog bestücken

Damit die Pflanzen unter den Bedingungen einer solchen Kultivierung außerhalb des Erdbodens möglichst gut gedeihen, ist es von Vorteil, einen Grundstock an Muttererde bereitzuhalten, um die Töpfe aufzufüllen. Für ein Gemisch, das allen Zwecken entspricht, müssen Sie ein Drittel Erde, ein Drittel Blumenerde für Topfhaltung und ein Drittel Kompost einkalkulieren, vermischt mit etwas Quarzsand oder Blähton, um die Entwässerung zu erleichtern.
Legen Sie den Boden des Topfes zur Entwässerung mit kleinen Kieselsteinen aus, darüber ein Stück Vlies, und füllen Sie dann das Gemisch ein.

Tipp
Die Erde vom Aushub der Terrasse kann aufbewahrt werden und dazu dienen, die Tröge und Blumenkästen aufzufüllen.

Ein Ensemble gestalten

Wirklich interessante Kombinationen sind solche, die von Dauer sind und wo die Pflanzen nicht wie Dekorationselemente behandelt werden, die nach dem Blühen einfach weggeworfen werden. Um ein ansehnliches Resultat zu erhalten, muss man zunächst an das Laub denken, sogar noch vor den Blüten. Es wird zu allen Jahreszeiten einen Grundstock und den Zusammenhang gewährleisten. Zeichnen Sie einen kleinen Plan und kalkulieren Sie ein Drittel immergrüne Pflanzen (Sträucher, Gräser und ausdauernde Pflanzen), ein Drittel laubabwerfende und ein Drittel einjährige und zweijährige Pflanzen sowie kleine Blumenzwiebeln ein. Vergessen Sie nicht die Wichtigkeit des Duftes und schöner Konturen. Um das Gesamtbild ohne große Umstände verändern zu können, haben Sie die Möglichkeit, die Einjährigen in kleinen Blumentöpfen zu pflanzen und deren Aufstellung nach ihrer jeweiligen Lust und Laune zu variieren!

Ein paar Vorschläge für den Anfang

Sträucher: Abelien, Orangenblume, Lorbeerschneeball, Coronille, Schmalblättriger Klebsame, Bambus (*Fargesia*), Ölweiden (*Elaeagnus*), Ehrenpreis (*Veronica*), Olearia, Rosmarin, Mutabilis-Rose, Granatapfel, Winter-Jasmin (*Jasminum nudiflorum*), Johanniskräuter (*Hypericum*), Zistrose …

Ausdauernde: Artemisia, Agapanthus, Berg-Aster (*Aster amellus*), Weidenröschen (*Epilobium*), Mexikanisches Berufkraut (*Erigeron karvinskianus*), Nachtkerzengewächse (*Onagraceae*), Miscanthus, Pennisetum, ausdauernde Geranien, Nepeta, Oregano, Bohnenkräuter …

Einjährige: Anthemis, *Ipomoea hederifolia*, Kapmargeriten, Husarenknopf, Geranien, Eisenkraut … Man kann sie bei Gärtnern und Züchtern auftreiben, auf Märkten und Gartenmessen.

Blumenzwiebeln und Pflanzenknollen: Krokus, Muscaris, Narzissen, Tulpen, Dahlien, Begonien … Sie werden einander während der gesamten Dauer des Jahres ablösen.

Instandhaltung

Überwachen Sie den Gesundheitszustand der Pflanzen und zögern Sie nicht, vertrocknete Blätter und Zweige zu beschneiden. Achten Sie auf das Gießen. Kratzen Sie am Ende des Winters die oberste Erdschicht ab und bringen Sie Regenwurmhumus aus. Decken Sie mit Stroh ab.

In extremem Klima

Wenn Sie in einer Gegend mit einem kühleren oder im Gegenteil sehr trockenen Klima zu Hause sind, ist eine andere Auswahl geboten. Ein paar Vorschläge:

Im Norden: Günsel (*Ajuga*), Akeleien, Bergenia, Sterndolde, Campanula, Funkien, Efeu, Heuchera, Elfenblumen (*Epimedium*), Kleines Immergrün (*Vinca minor*), ausdauernde Geranie, Veilchen ...

Im Süden: *Convolvulus cneorum*, Lavendel, Heiligenkraut, Nachtkerzengewächse (*Onagraceae*), Nelken (*Dianthus*), Sedum, Helichrysum, Salbei, Gamander (*Teucrium*), Stipa, Bohnenkräuter ...

In einer urbanen Umgebung muss man große Blumenkästen aufstellen, damit die Terrassen sich nach und nach in blühende Kompositionen kleiden.

Unbehandelter Belag dicht über dem Wasser (Entwurf Les Jardins d'eau).

Einfaches Gatter

Technische Schwierigkeit ★
Zeitaufwand ⌛⌛
Kosten € (Wiederverwertung) oder €€ (Kauf)

MATERIAL

Für ein 10 m langes und 1,20 m hohes Gatter:

- 6 Robinienholzpfähle mit einer Länge von 1,70 m sowie 8 cm Breite bzw. Stärke.
- 10 Querbalken (*siehe Kasten unten*).

WERKZEUG

- Richtschnur, Vorschlaghammer, Brechstange, Akkuschrauber, Schrauben für Holz, Wasserwaage, Zollstock.

Welches Holz für die Querbalken?

Bei der Herstellung der Querbalken ist alles eine Frage des Budgets! Für ein dauerhaftes Werkstück sollten Sie Kastanie oder Lärche wählen, und zwar 15 cm breite und 3 cm starke Bretter, die sie auf eine Länge von 2,20 m zuschneiden lassen. Für eine weniger kostspielige Lösung beschaffen Sie sich Schalholz, das man bloß auszutauschen braucht, wenn es modert.

Ursprünglich waren Holzgatter eine nüchterne Angelegenheit und hauptsächlich dazu bestimmt, Herden zusammen zu halten; inzwischen hat sich ihre Form weiterentwickelt, bis zu raffinierten kleinen Zäunen im „Cottage-Stil" oder dem Charme von Zäunen mit Rautenmuster. Entsprechend viele Möglichkeiten gibt es, die Sie variieren können, um Ihr Gatter dem Stil Ihres Hauses und Ihrer Region anzupassen.

Gatter mit zwei unbehandelten Querbalken bilden die rudimentärste Art einer Koppel, wo man Pferde einstellt. Aber man kann sie auch ganz anders verwenden. Diese Art Gatter ist rasch aufgebaut, kostet nicht viel und kann im Zusammenspiel mit kleinen Gehölzen aus Gräsern und Sträuchern auch dazu dienen, einen Garten einzugrenzen. Es stellt außerdem eine hübsche Möglichkeit dar, den Obstgarten und die Wiese abzuteilen oder den Waldrand zu unterstreichen, ohne dabei aber den Zugang vollständig abzusperren.

Ein Gatter mit drei Querbalken ermöglicht, den Schwung der Allerkleinsten einzubremsen.

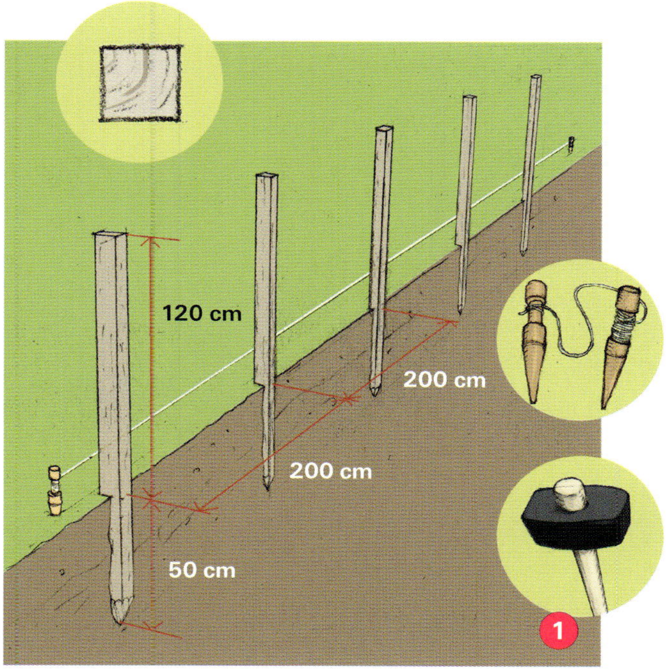

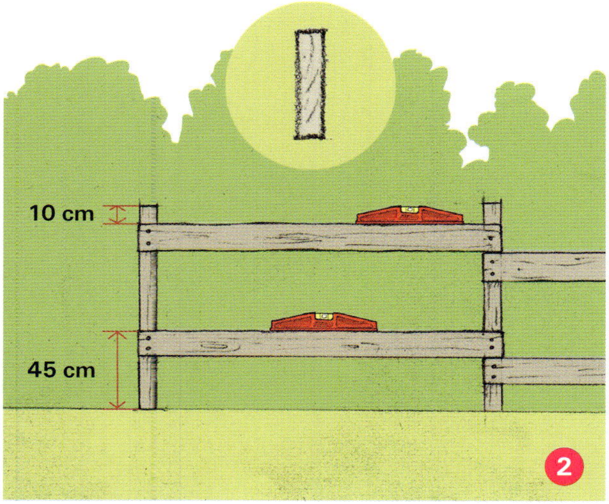

Ans Werk!

❶ Setzen Sie die Richtschnur und schlagen Sie die Robinienpfähle alle 2 m so ein, dass 1,20 m aus der Erde ragen.

❷ Verschrauben Sie die Querbalken, indem Sie den ersten 40 oder 45 cm über dem Boden montieren, dann den zweiten mit der Oberkante 10 cm unterhalb des Pfahlendes. Überprüfen Sie mit der Wasserwaage, ob sie alle schön waagrecht sind, denn diese Art von Zaun, der die Landschaft gleichsam unterstreicht, verträgt ein bloß ungefähres Arbeiten optisch nicht gut.

Endbearbeitung und Instandhaltung

Je nach gewünschter Optik können Sie das Holz gänzlich unbehandelt lassen oder es – wenn seine Länge im Rahmen bleibt – abschleifen und mit Leinöl tränken, eine Lasur anbringen oder es mit einem umweltfreundlichen Anstrich für den Außenbereich versehen.

Warnhinweis

Manchmal wird empfohlen, derartige Gatter zusätzlich mit einem Drahtgitter zu versehen, um Tümpel und Wasserstellen abzuschließen, was allerdings nur gegenüber Tieren funktioniert. Ein kleines Kind hingegen wird sofort hinaufklettern, indem es sich an die Stützen klammert, und läuft ganz oben angelangt Gefahr, plötzlich Richtung Wasser zu kippen.

Ein Gatter schmücken

Blumen oder Blattwerk – nichts kommt einer lässigen Kletterpflanze gleich, um die Einförmigkeit eines Zaunes abzumildern und dem Werkstück ein wenig ländliches Flair zu verleihen. Die Auswahl geht in die Richtung von Pflanzen mit langen Trieben, die geschmeidig genug sind, eine Girlande zu bilden. Manche Kletterpflanzen, aber auch biegsame Sträucher ermöglichen es, die Palette abwechslungsreich zu gestalten.

Drei zwingende Erfordernisse sind zu beachten:

- Laubabwerfende Pflanzen wählen, damit das Holz im Winter von Belüftung und Sonne profitiert.
- Abstand nehmen von zu kraftvollen Kletterpflanzen wie der Amerikanischen Klettertrompete oder der Glycine, die Zäune innerhalb von ein paar Jahren auseinandernehmen.
- Sorten den Vorzug geben, die man problemlos zurückschneiden kann, ohne dass sie darunter leiden.

Anpflanzung

Pflanzung in gejätetem, mit der Grabegabel bearbeitetem und zerkrümeltem Erdreich, entweder im Herbst oder im Frühjahr (wenn der Boden kalt und feucht ist). Die Anpflanzung erfolgt 20–30 cm vom Gatter entfernt. Lenken Sie im ersten Jahr die sich windenden Zweige mithilfe kleiner, schräg gegen das Gatter gesetzter Stützen.

Instandhaltung

Begrenzen Sie das Wachstum je nach Geschmack und Notwendigkeit durch einen Sommerschnitt während der Vegetationszeit.
Verjüngung der gesamten Pflanze am Ende des Winters durch Entfernen des Totholzes und alter Zweige. Für eine Runderneuerung kann man die Pflanzen vollständig von den Trägern schneiden und sie dabei auch von ihrer Stütze befreien. Nachdem man sie dann auf dem Boden ausgelegt hat: alles, was in einem schlechten Zustand ist, abschneiden und einige tragende Äste übrig lassen, die man dann bloß wieder gut zu befestigen braucht. Das ist auch die Gelegenheit – falls erforderlich –, die Lasur des Gatters zu erneuern!

Ein paar Beispiele für Arten, die man am Fuß eines Gatters pflanzen kann:

		Eigenschaften	Anbauweise
Kletterpflanzen	**Geißblatt** *Lonicera heckrottii*	Sehr starkwüchsig. Gelb-rote Blüten im Mai/Juni, sehr stark duftend.	Sonniger Standort. Alle Böden.
	Waldreben *Clematis montana „Tetra Rose"*	Starkwüchsig und robust. Blüte im Mai.	Sonniger Standort. Alle Böden bis auf zu trockene oder zu feuchte.
	Echter Hopfen *Humulus lupulus*	Sehr schönes, fächerartiges Laub. Blüht in kleinen hellgrünen Zapfen. Sehr starkwüchsig.	Gute Böden, die kühl bleiben, sauer bis neutral. Die alten Triebe jedes Jahr knapp über dem Boden abschneiden.
	Echter Jasmin *Jasminum officinale*	Stark duftende weiße Blüten im Sommer. Mildes Klima oder geschützter Standort.	Durchschnittliche Gartenerde, auch ein wenig trockene. Sonniger Standort. Aufbinden erforderlich.
	Blaue Passionsblume *Passiflora caerulea*	Violett-blaue Blüten im Sommer, dann kleine Früchte. Sehr starkwüchsig. Gemäßigtes Klima.	Gute Böden. Sonniger Standort. Aufbinden. Den Stumpf im Winter schützen und bei Bedarf zu Saisonbeginn zurückschneiden.
	Rose mit biegsamen Trieben Léontine Gervais, Coral Creeper, Céline Forestier, Paul Transon ...	Duftende Blüten im Juni. Gesundes und glänzendes Blattwerk. Sehr starkwüchsig.	Gute Böden, verträgt tonhaltige. Aufbinden. Zum Ende der Blütezeit zurück- und im März nachschneiden.
Sträucher	**Japanisches Geißblatt** *var. Lonicera chinensis*	Kleine, extrem stark duftende, cremefarbene Blüten von Januar bis März. Höhe: 2 m.	Alle Böden, verträgt kalkhaltige und trockene. Sonniger Standort.
	Rispen-Hortensie *Hydrangea paniculata*	Im Sommer große weiße und später rosa Blütenstände. Sehr robust.	Saure bis neutrale Böden. Standort im Schatten oder Halbschatten.
	Winter-Jasmin *Jasminum nudiflorum*	Winzige gelbe Trompeten von Dezember bis März. Sehr geschmeidiger Wuchs. Sehr robust. Höhe: 1,50 m.	Alle Böden. Verträgt Schatten und eine Orientierung nach Norden. Von Zeit zu Zeit kurz zurückschneiden, um das alternde Holz zu erneuern.
	Zimt-Himbeere *Rubus odoratus*	Hellrosa Blüten im Sommer. Früchte im Herbst. Sehr starkwüchsig.	Neutrale oder saure Böden, die im Sommer kühl bleiben. Sonniger Standort.
	Prachtspiere *Spiraea vanhouttei*	Kleine Sträuße von weißen Blüten im Mai. Sehr starkwüchsig.	Alle Böden, alle Standorte. Verträgt kalkreiche Böden und vorübergehende Trockenheit.

Zu beachten:
Große Gräserarten wie Miscanthus behalten im Winter ausreichend Substanz, um die Vorderseite eines Zaunes auf gleiche Weise zu unterstreichen wie ein Strauch. Sie werden im März auf eine Höhe von 40 cm zurückgeschnitten.

Ein Ariadnefaden im Terre-Vivante-Stil

Dieser kostengünstige Zaun wird zur Gänze mit Holz aus lokaler Produktion hergestellt und fügt sich perfekt in die Umgebung ein.

Im Zuge der landschaftsgärtnerischen Neugestaltung des TERRE-VIVANTE-Zentrums im Jahr 2009 musste Serge das knifflige Problem der Verbindung zwischen den einzelnen Teilen dieses riesigen Gartens lösen. So entstand die Idee eines „Ariadnefadens", der dazu bestimmt ist, die Schritte der Besucher zu begleiten: Ein leichtes Gatter, das sich an die Pfade anlehnt und schon aus der Entfernung den zu durchwandernden Weg unterstreicht, ohne irgendetwas von der großartigen Landschaft zu verdecken. Die Herstellung dieser sehr zahlreichen Laufmeter Zaun wurde Luc anvertraut, einem langjährigen Gärtner im Zentrum und hervorragenden Kenner der Materialien vor Ort. Für eine geringere Belastung der Umwelt und bescheidene Umsetzungskosten hat er Bäume herangezogen, die auf dem Gelände wachsen, und junge Eschen und Kastanien gefällt sowie anschließend zugeschnitten. Manche davon wurden entrindet, andere blieben unbearbeitet, damit die Farbtöne variieren.

Technische Schwierigkeit ★★
Zeitaufwand ⌛⌛
Kosten €

MATERIAL

Für einen 12 m langen und 80 cm hohen Zaun:

- 9 Robinienholzpfähle, Länge 1,30 m, Breite bzw. Stärke jeweils 8 cm.
- 16 Äste (Nachwuchs, diverse Holzstücke aus der Wiederverwertung nach dem Fällen) mit 1,70 m Länge.
- Mehrere Meter mindestens zweijähriger Triebe, die das Muster bilden (die erforderliche Meterzahl ist abhängig von der Komplexität des Entwurfes).
- Eisendraht.
- Sisalschnur.

WERKZEUG

- Brechstange, Vorschlaghammer, Seitenschneider, Zollstock, Gartenschere.

Thema Schnur

Bei dieser Ausführung optieren wir für Sisal und raten von Hanf ab. Letzterer baut sehr schnell ab, da schwankende Witterungsbedingungen ihn übermäßig an- und entspannen.

Ans Werk!

1. Schlagen Sie die Pfähle alle 1,50 m 50 cm tief ein. Befestigen Sie die Äste mithilfe einer Drahtverbindung horizontal auf zwei Ebenen und montieren Sie die erste 35 cm über dem Boden sowie die zweite 40 cm über der ersten.
2. Verkleiden Sie die Drahtverbindung, indem Sie die Sisalschnur darüberbinden, dabei dem Eisendraht folgen und die Schnur auch über Kreuz legen.
3. Machen Sie so auf der ganzen Länge des Zaunes weiter. Wagen Sie auch diagonale Verstrebungen, um Ihr Werk persönlicher zu gestalten, und schneiden Sie diese in der gewünschten Länge zu.

Keinerlei Instandhaltung ist erforderlich, mit Ausnahme des Austausches der in die Jahre gekommenen Bestandteile. Die nicht entfernte Rinde schilfert nach und nach ab, ohne dass das einen Einfluss auf die Stabilität hätte; das Holz nimmt allmählich einen grauen Farbton an.

Plankenwand

Technische Schwierigkeit ★★
Zeitaufwand ⌛⌛
Kosten €€

MATERIAL

Für eine etwa 2 m hohe Plankenwand:

- 2 m lange Robinienpfähle (10 x 10 cm).
- Kastanienbretter (für dieses Beispiel 10–25 cm breit, 3 cm stark und 2 m lang).

WERKZEUG

- Stehleiter, Brechstange, Vorschlaghammer, Wasserwaage, Richtschnur, Zollstock, Schrauben für Holz (60 x 6 mm), Akkuschrauber, Bohrmaschine (und Metallbohraufsatz), Kreide, Motorsäge.

Welche Art Plankenwand wählen?
Die Höhe eines Sichtschutzes liegt zwischen 1,80 m und 2 m. Der Abstand zwischen den Planken ist für das endgültige Erscheinungsbild von großer Bedeutung. Wenn diese weit auseinanderliegen, beeinträchtigt das die Blickdichte der Barriere; wenn sie umgekehrt dicht an dicht montiert sind, dienen sie als vollständiger Sichtschutz.

Die Vervielfachung von Einfamilienhaussiedlungen führt zu einer ebenso starken Zerstückelung der Gärten. Auf ein Minimum zusammengeschrumpft, bieten sich diese Räume zum Leben und Gärtnern den Blicken der Nachbarn und Passanten dar, was nicht unbedingt mit der gewünschten Intimität einhergeht. Die großen Handelsketten bieten zahlreiche Modelle von Abschirmungen an, die mehr oder weniger stabil und wenig ökologisch sind (Holz aus fernen Herkunftsländern, wenig langlebige Zusammensetzung und fragwürdige Verfahren zur Verlängerung ihrer Lebensdauer). Die Kosten qualitativ hochwertiger Alternativen sind erheblich, wodurch sie nur für kleinere Bauvorhaben erschwinglich sind. Die Lösung: Selbermachen!

Eine Plankenwand bauen ist gar nicht so kompliziert und erweist sich als ausgesprochen preisgünstiges Vorhaben, vor allem, wenn Sie sich für wiederverwertete Bretter entscheiden. Trotzdem wird man sich beim Aufbau zu zweit insgesamt leichter tun.

Wiederverwertung!

In diesem Beispiel stammen die Bretter aus einem Vorrat an sägerauen Kastanienholzbrettern. Sie können auch Schalholz oder starke ehemalige Dielen wiederverwenden. Für leichtere Bauvarianten ist es außerdem möglich, sich mit robustem und preiswertem Material zu versorgen, indem man Paletten auseinandernimmt. Wählen Sie dafür große Ausführungen, die jeweils die Gewinnung von 9 Brettern ermöglichen. Entfernen Sie vor dem Abschleifen und Montieren sorgfältig Nägel und Klammern.

Instandhaltung

Innerhalb kurzer Zeit erwirbt das Holz eine natürliche Patina, nimmt einen grauen oder braunen Farbton an und Flechten oder Moos auf, was es perfekt in seine Umgebung integriert und jede spätere Instandhaltung überflüssig macht. Einige Pflanzen am Fuß der Plankenwand mehren ihren Charme und verwischen dabei den linearen Charakter.
Man kann die Planken auch mit einer Lasur oder einem Holzanstrich für den Außenbereich versehen. Das gestrichene Holz wird man alle drei bis fünf Jahre aufarbeiten, abhängig vom eingesetzten Produkt und dem erwünschten Effekt. Eine tüchtige Abreibung mit einer groben Bürste oder einem Hochdruckreiniger beseitigt Erde, Verunreinigungen und Flechten. Der Ersatz von beschädigten Planken erfolgt, indem man diese und nur diese austauscht.

„Cottage"-Variante

Mit einer Höhe von 0,80 m bis 1,20 m und mit weit auseinanderstehenden Planken montiert, unterstreicht eine solche Plankenwand ein Gemüsebeet oder grenzt einzelne Lebensräume ab. Wenn Sie in hellen Farben gestrichen ist, peppt sie einen leicht vernachlässigten Garten auf.

Holz- und Motivwahl: Es bleibt jedem selbst überlassen, seinen Stil zu finden! (Le Clos des Sources)

„Limousin"-Variante

Die Verarbeitung der Kastanie im Limousin hat charmante Sprossenzäune hervorgebracht. Aus entrindeten, gespaltenen, halbrunden Kastanienholztrieben zusammengesetzt, werden sie in montagebereiten Einheiten angeboten. Die Montage ist rasch erledigt, indem man sie an in den Boden geschlagenen oder dort einzementierten Pflöcken festschraubt. Achten Sie darauf, mithilfe der Wasserwaage regelmäßig zu überprüfen, ob sie waagrecht sind.

Ans Werk!

1 Stechen Sie an jedem Ende des Zaunes mit der Brechstange ein provisorisches Loch, um das Aufstellen der Pfähle zu erleichtern.

2 Schlagen Sie die beiden Pfähle je nach Bodenbeschaffenheit 30–50 cm tief ein und spannen Sie dann zwei Richtschnüre, eine oben und eine unten, um die korrekte Ausrichtung des Ensembles sicherzustellen.

3 Verankern Sie die dazwischenliegenden Pfähle in Abständen von 1,50 m bis 2 m (diese Entfernung variiert je nach gewählter Zaunhöhe), indem Sie sich an die Richtschnüre halten. Überprüfen Sie regelmäßig, dass die bereits aufgerichteten Pfähle sich nicht gegen die Richtschnüre lehnen und dadurch die Trasse verfälschen. Versuchen Sie, stets einen Abstand von 5 mm zwischen Pfahl und Richtschnüren einzuhalten; diese dürfen ihn bloß streifen.

4 Fixieren Sie an den Pfählen 30 cm über dem Boden horizontal eine erste Reihe von Brettern, die als Träger dienen werden, und überprüfen Sie systematisch die Höhe. Verschrauben Sie die Bretter jeweils an mindestens zwei Stellen, um die Aufhängung abzusichern. Wenn das Holz zu hart ist, mit dem Metallbohraufsatz eine Vorbohrung anbringen.

5 Befestigen Sie dann nach dem gleichen Verfahren 1,20 m über der ersten eine zweite Reihe von Brettern.

6 Fahren Sie fort mit der Befestigung der vertikalen Planken. Um zu verhindern, dass das Holz verrottet, 10–20 cm Abstand zum Boden halten. Wenn Ihre Planken von unterschiedlicher Stärke sind, werden Sie überprüfen müssen, dass die Schraube an der Rückseite nicht hervorsteht, auch nicht ein kleines Stück. (Das kann auch passieren, wenn der Kopf zu tief in die Planke eindringt. Um dagegen Abhilfe zu schaffen, genügt es, die Schraube beim Einschrauben zu neigen, damit sie einen längeren Weg durch das Holz nimmt.)

Beim Montieren der ersten Planke mit der Wasserwaage überprüfen, dass sie im Lot ist. Wenn Sie zu zweit sind, wird es keine Schwierigkeiten geben, aber wenn Sie allein arbeiten, werden Sie gezwungen sein, sie mit dem oberen Träger beginnend zu fixieren, da die Planke so wesentlich leichter an ihrem Platz zu halten ist.

7 Sobald die erste Planke befestigt ist, die zweite im Abstand von 5–8 mm montieren, da das Holz bei feuchter Witterung anschwellen wird. Verwenden Sie Holzkeile, damit Sie jeweils den gleichen Abstand einhalten.

8 Gleichen Sie oben die Höhe aus, sobald alle Planken montiert sind. Wenn Sie möchten, dass der Abschluss vollkommen waagrecht ist, ziehen Sie mithilfe einer Messlatte oder einer Richtschnur einen Kreidestrich und schneiden Sie die Planken mit der Motorsäge zu. Wenn Sie Kurven oder eine Wellenform wünschen, dann ziehen Sie eine Ihren Inspirationen entsprechende Linie und schneiden dann auf die gleiche Weise zu.

Tipp

Wenn die Planken von unterschiedlicher Breite sind, denken Sie daran, sie so durchzumischen, dass nicht alle Planken gleicher Breite nebeneinander angebracht werden.

1

2

3

4

5

6

7

8

Dekoratives kleines Tor

Technische Schwierigkeit ★★
Zeitaufwand ⌛⌛
Kosten €

MATERIAL

Für ein Tor mit 1 m Breite und 1 m Höhe:

- 2 Robinienpfähle von 1,50 m Länge und 8 x 8 cm Breite bzw. Stärke.
- 4 Bretter mit einer Länge von 1 m, 10 cm Breite und 3 cm Stärke.
- 2 entrindete Rundholzhälften oder 2 Dachleisten, 1 m lang und 6 cm breit.
- Mehrere Meter Dachleisten (3 x 2 cm) oder kräftige Kastanientriebe, die das Motiv bilden werden (die Meterzahl ist daher abhängig von der Komplexität des Musters).
- 2 Scharniere.
- Schließmechanismus.

WERKZEUG

- Vorschlaghammer, Brechstange, Zollstock, Winkelmaß, Stift für Holz, Schrauben (oder Nägel) für Holz, Akkuschrauber (oder Hammer), Bohrmaschine (und Bohraufsatz für Metall), Säge.

Um den Ausbau der unterschiedlichen Teile des Gartens abzurunden, können kleine Tore von Nutzen sein. Sie sind eher Bindestriche als Abtrennungen, profitieren davon, Durchblicke zu ermöglichen, und bringen Ihre Kreativität zur Geltung.

Das kleine Tor unten verbindet einen Rahmen aus Robinie mit Kastanientrieben und wird ohne jede Instandhaltung eine Lebenszeit von etwa zehn Jahren haben. Dann wird man die Bestandteile aus Kastanie auswechseln müssen. Unbehandelt wird es mit der Zeit eine hübsche graue Patina erhalten und von ein paar Flechten verziert werden.
Sie können diese Art von Werkstück auch mit Lärche, Eiche oder Douglasie umsetzen. Wenn hingegen die Pfähle nicht aus Robinie sind, sondern beispielsweise aus Lärche oder Kastanie, dann muss man diese in ein vor Ort gegossenes Zementfundament setzen, um zu vermeiden, dass sie an der Basis vermodern. Die Verankerung erfolgt entweder mit Betonankern oder indem man seitlich vier 8–10 cm lange Nägel in den Pfahl schlägt, bevor man diesen im noch weichen Beton versenkt.

Wie entwirft man sein Tor?

Damit Sie sich gut zurechtfinden und es hinterher nicht wieder auseinandernehmen müssen, ist es am besten, vorweg eine Skizze des Motivs anzufertigen, das Sie umsetzen wollen. Diese Zeichnung wird Ihnen auch erlauben, sich bildhaft vorzustellen, was zum Garten passt. Die Inspirationen können vielfältig sein: mittelalterlich mit Rauten, im Zen-Stil mit Schriftzeichen, Sprossen jeder Art ...

Umrahmt von Miscanthus-Büscheln grenzt dieses kleine Tor ab, ohne zu blockieren. Entwurf von Serge Lapouge (Jardins de l'Altarède).

Ans Werk!

1 Schlagen Sie mit einem Vorschlaghammer die beiden Pfähle 46 cm tief in den Boden ein, mit einem Abstand von 101 cm dazwischen (*wenn Sie sich für ein anderes Holz als Robinie entschieden haben, siehe Seite 88*).

2 Fangen Sie mit dem Rahmen des Tores an und bauen Sie ihn auf dem Boden zusammen. Bilden Sie ein Rechteck mit den vier 1 m langen Brettern. Schrauben Sie diese an drei Punkten fest oder vernageln sie, nachdem Sie sie an den Ecken übereinandergelegt haben. Verstärken Sie dann den Rahmen, indem Sie die beiden Rundholzhälften (oder Dachleisten) vertikal verschrauben. Lassen Sie dazwischen 23 cm Abstand (und bringen Sie vor dem Festschrauben mit einem Metallbohraufsatz eine Vorbohrung an, um zu verhindern, dass das Holz splittert). Der weitere Verlauf der Montage gehört eher zum Bereich der Dekoration, erlaubt aber doch, die Struktur zu verstärken. Je mehr Sprossen Sie anbringen, desto stabiler wird sie sein. Wenn Sie an mehreren Punkten verschraubt werden, wird das Holz wenig Neigung zeigen, sich zu verformen.

Schneiden Sie jetzt die Dachleisten (oder Triebe) zu, bevor Sie diese mit dem Rahmen verschrauben, und die Rundholzhälften, um ein Muster zu erzeugen: Nehmen Sie Maß, schneiden Sie Ihre Bauteile zu und schleifen Sie jedes Stück, um allfällige Splitter zu beseitigen. Legen Sie sie auf dem Rahmen ab, um die Wirkung zu beurteilen. Fixieren Sie sie endgültig und achten Sie auch hier darauf, eine Vorbohrung anzubringen.

3 Schrauben Sie die Scharniere an einen Pfahl, stellen Sie das Tor daneben auf und lassen Sie 5 mm Spielraum als Ausgleich für ein Schwellen des Holzes. Bezeichnen Sie mit dem Bleistift die Stelle am Tor, wo die Scharniere angebracht werden sollen. Bringen Sie – bei wiederum flach auf den Boden gelegtem Tor – Vorbohrungen an, bevor Sie die Scharniere endgültig festschrauben. (Sie können hinterher das Muster vervollständigen, indem

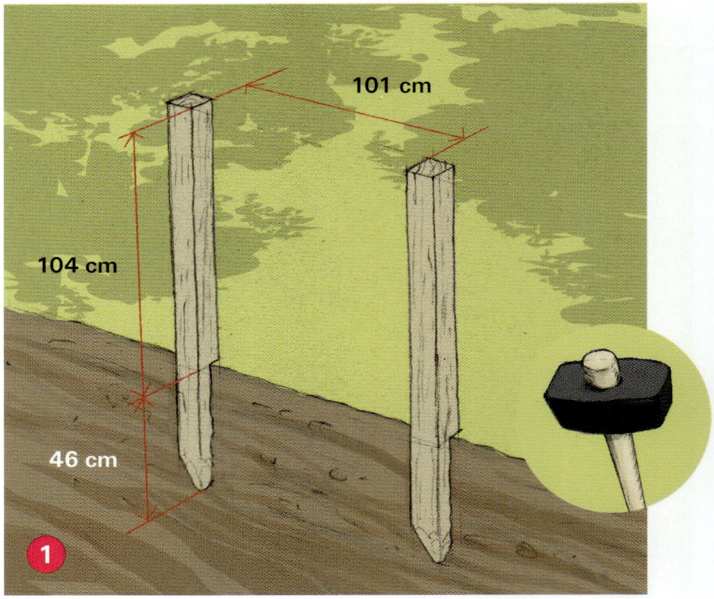

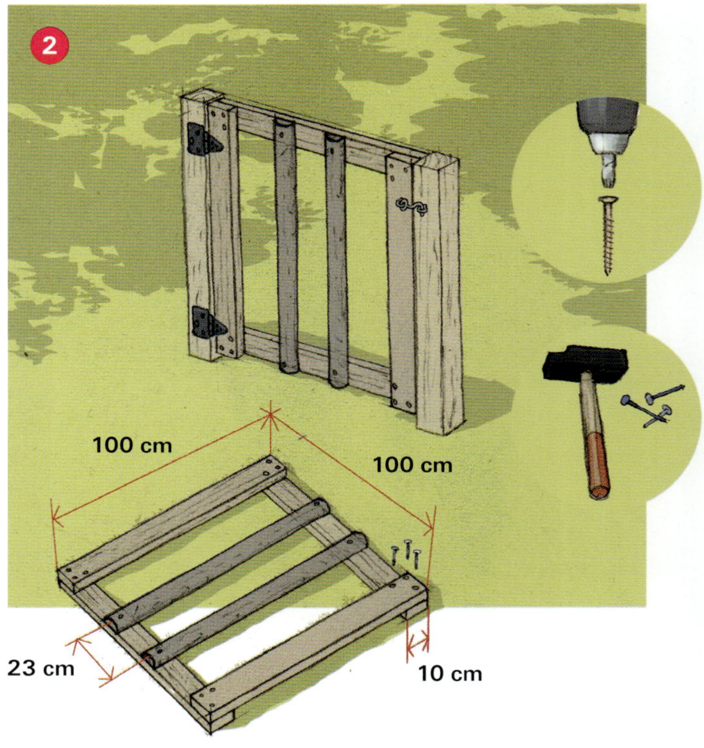

3

Sie winkelförmig über den Scharnieren Dachleisten verschrauben.)

Bringen Sie an dem anderen Pfahl den Schließmechanismus oder einen schlichten Haken 20 cm unterhalb der Oberkante des Tores an. Jetzt bleibt Ihnen nur noch, es zu streichen oder es mit Flechten und Moos bewachsen zu lassen!

Warnhinweis

Manchmal wird in Tipps und Tricks für Heimwerker empfohlen, im Außenbereich verwendetes Holz mit abgelassenem Motoröl zu bepinseln, um es vor dem Regen zu schützen. Ein Graus, der unbedingt zu unterlassen ist! Denn abgelassenes Motoröl enthält extrem umweltschädliche Substanzen.

Schnee betont Kreationen aus Holz immer sehr hübsch.

Großes Eingangstor

Technische Schwierigkeit ★★★
Zeitaufwand ⧗⧗⧗
Kosten €€

MATERIAL

Für ein 2,50 m breites und 1 m hohes Tor:

- 2 Robinienholzpfähle mit einer Länge von 1,60 m und 8 cm Breite bzw. Stärke.
- 16 Bretter mit einer Länge von 1 m, 8 cm Breite und 3 cm Stärke.
- 2 Bretter mit einer Länge von 1 m, 10 cm Breite und 3 cm Stärke.
- 2 Bretter mit einer Länge von 1,50 m, 10 cm Breite und 3 cm Stärke.
- 1 Querträger mit einer Länge von 1 m und 1 Querträger mit einer Länge von 1,50 m, jeweils 10 cm breit und 3 cm stark.
- 1 Dachleiste mit einer Länge von 2,50 m, 10 cm Breite und 3 cm Stärke (zur Justierung).
- 4 Türbeschläge.
- 18 Muttern.
- 4 Türangeln.
- Bodenriegel.
- Schließmechanismus.

WERKZEUG

- Vorschlaghammer, Brechstange, Winkelmaß, Zollstock, Stift für Holz, Schleifmaschine, Bohrmaschine (oder Handbohrer), Akkuschrauber (oder Hammer), Schrauben (oder Nägel) für Holz, Motorsäge, Kreissäge, Wasserwaage (Senkblei).

Die Baumärkte quellen über vor Eingangstoren, die man nur mehr einzubauen braucht – und die standardisiert sind, die nicht davor zurückschrecken, PVC und Technologie miteinander zu verbinden oder Tropenholz zum Einsatz zu bringen. Brauchen wir so etwas wirklich? Um derartige, so wenig umweltfreundliche Massenkonsumgüter zu vermeiden, ist es am besten, sein Eingangstor selbst zu bauen!

Das vorgeschlagene Modell setzt sich aus zwei Teilen zusammen und passt sich den Abmessungen Ihres Einganges an. Es ist ein stabiles, praktisches, umweltfreundliches Modell aus Holz aus heimischen Wäldern.
Unbehandelt legt es sich mit der Zeit eine Patina zu, kann aber auch gestrichen werden.
Um ihre Lebensdauer zu verlängern oder um ihre Farbe zu vereinheitlichen und tanninbedingte bräunliche Verfärbungen zu vermeiden, sind Eiche und Kastanie durch eine natürliche Lasur zu schützen. Die größte Langlebigkeit lässt sich erzielen, wenn zunächst eine erste Imprägnierungsschicht auf Basis von jeweils einer Hälfte Leinöl und Terpentin aufgebracht wird, dann zwei bis drei Schichten einer Öllasur. Sie müssen wissen, dass man Holz früher auch durch gelegentliches Bepinseln mit Kupferkalk- bzw. Bordeauxbrühe oder mit Kalk geschützt hat.

Welches Holz wählen?

Es muss trocken, das heißt vor mindestens drei Jahren verarbeitet worden sein. Die Bretter des hier vorgestellten Modells sind aus Kastanie, man kann aber auch Lärche, Douglasie oder Eiche verwenden.

Ein Betonfundament herstellen

Wenn Ihre Pfähle nicht aus Robinie sind (Lärche oder Kastanie), dann verankern Sie sie in einem Betonfundament, um zu vermeiden, dass sie auf Höhe des Erdbodens vermodern. Die Verankerung erfolgt entweder mit Betonankern oder indem man unten seitlich vier 8–10 cm lange Nägel in den Pfahl schlägt (vorbereiten, bevor man den Beton gießt). Der Beton wird in ein Loch mit einem größeren Durchmesser gegossen, als es für einen bloßen Pfahl benötigt wird. Er besteht aus einem Teil Zement, drei Teilen Sand, Schotter und Wasser (Konsistenz etwas mehr als erdfeucht). Bei trockener Witterung die Wände der Grube reichlich wässern, damit die Erde nicht das Wasser des Betons absorbiert. Dieser muss eine Spur über Bodenhöhe reichen und schräg abgestrichen werden, um zu verhindern, dass Regenwasser sich sammelt.

Dieses Eingangstor lädt zum Pflücken der herbstlichen Gaben ein. Entwurf von Serge Lapouge (Jardins de l'Albarède).

Ans Werk!

1 Mithilfe eines Vorschlaghammers die beiden Robinienpfähle 50 cm tief in den Boden schlagen und 2,50 m Abstand dazwischen lassen. (*Wenn es sich um Pfähle aus Lärche oder Kastanie handelt, wird ein Betonfundament erforderlich sein: siehe Kasten auf der vorigen Seite.*)

Bau des ersten Flügels (Breite: 1,50 m)

2 Bereiten Sie 2 Bretter zu 1,50 m (10 cm Breite) und 10 Bretter zu 1 m (8 cm Breite) vor. Schleifen Sie sie vor der Montage ab, falls Sie es für nötig halten, um verbliebene Splitter zu entfernen.

Arbeiten Sie mit dem Werkstück flach auf dem Boden. Bilden Sie ein Rechteck, indem Sie die beiden 1,50-m-Bretter horizontal und zwei 1-m-Bretter vertikal auslegen und dabei die großen Bretter auf der Seite, wo das Tor befestigt werden wird, 5 cm überstehen lassen. Oben und unten 10 cm über die Querbalken hinausstehen lassen. Korrigieren Sie die Winkel mit einem Winkelmaß. Jeweils an 3 Punkten verschrauben oder festnageln.

3 Legen Sie die verbliebenen 8 Bretter vertikal aus und lassen Sie dazwischen 8 cm Abstand (der Zwischenraum zwischen den Brettern muss regelmäßig sein). Befestigen Sie sie. Bringen Sie dazu mit einem Handbohrer oder einer Bohrmaschine mit feinem Bohraufsatz eine Vorbohrung an, um zu verhindern, dass das Holz splittert.

4 Schneiden Sie die vertikalen Bretter an der Oberseite des Torflügels spitz (oder rund) zu. Das macht Ihr Werkstück fantasievoller.

Bau des zweiten Flügels (Breite 1 m)

5 Bereiten sie 2 Bretter von 1 m Länge (mit 10 cm Breite für die Horizontale) und 6 Bretter von 1 m Länge (mit 8 cm Breite für die Vertikale) vor. Wiederholen Sie dann die Schritte 2 bis 4 auch bei diesem Torflügel.

Verstärken Sie!

Verstärken Sie das Eingangstor, um eine Deformierung (Absenkung) bei der Nutzung zu verhindern, indem Sie an jedem Flügel eine diagonale Traverse fixieren. Aber Vorsicht bei der Ausrichtung: Das obere Ende dieser Diagonale muss gegenüber jener Seite montiert werden, wo das Eingangstor am Pfahl befestigt wird.

Aufhängung der Torflügel

6 Schrauben Sie eine Dachleiste horizontal zwischen den beiden Haltepfählen des Tores an, um die Flügel horizontal gut justieren zu können. Wenn Sie allein sind, wird diese Leiste Ihnen auch dabei helfen, das Tor während der Montage zu halten, indem Sie die Flügel daran festbinden oder provisorisch anschrauben. Behelfen Sie sich auch mit unter die Flügel geschobenen Stücken der Dachleiste.

7 Halten Sie die Türbeschläge gegen den 1,50-m-Flügel und markieren Sie mit dem Stift die Stelle, wo Sie bohren müssen. Entfernen Sie die Beschläge, bohren Sie, legen Sie die Beschläge wieder zurück und schrauben Sie die Muttern fest. Halten Sie den Flügel gegen den Pfahl. Ermitteln Sie die Stelle, wo sich die Angeln befinden werden, und sehen Sie einen Abstand von 5 cm vor, um ein Anschwellen des Holzes auszugleichen. Richten Sie die beiden Angeln vertikal aufeinander aus, mit einer Wasserwaage oder mit einem Senkblei, verschrauben Sie diese dann und achten Sie darauf, auch hier Vorbohrungen anzubringen.

Montieren Sie den 1-m-Flügel und sehen Sie einen Abstand von 1 cm zwischen beiden Flügeln vor, um ein Anschwellen des Holzes auszugleichen.

8 Schrauben Sie einen Bodenriegel an den 1,50-m-Flügel, damit dieser fixiert bleiben kann, und montieren Sie einen Schließmechanismus (einfacher Haken, Schubriegel, Riegel) am kleineren Flügel, um diesen auf dem großen zu schließen. Obere Dachleiste und Keile entfernen.

1

2

3

4

5

6

7

8

Die Fülle eines Gemüsegartens mit Hochbeeten (Jardin Ray).

Gemüsegärten gestalten

Der Gemüsegarten ist jener Teil des Gartens, der die meiste Aufmerksamkeit erfordert. Machen Sie es sich durch einige Ausbauten leichter, um dort bequemer zu arbeiten: Hochbeete, um Ihren Garten komfortabel bestellen zu können und Sie vom Unkrautjäten zu befreien, einen kleinen Schuppen, um Ihr Werkzeug zu verstauen und es in einem guten Zustand zu erhalten, einen Kompostbehälter, der die Fruchtbarkeit des Bodens wahren wird, und eine Gartenbank, um Ihre im Entstehen begriffenen Erfolge zu genießen!

Hochbeet

Technische Schwierigkeit ★★
Zeitaufwand ⌛⌛
Kosten €€

MATERIAL

- 4 Pfähle mit etwa 6 cm Durchmesser und 1 m Höhe aus Robinienholz (modert 30 Jahre lang nicht) oder aus Kastanie – oder aber Zaunpfähle aus dem Handel.
- 8 Schalbretter mit 20 cm Breite und mindestens 4 cm Stärke in der gewünschten Länge oder sägeraue Bretter (Douglasie, Kastanie) aus dem Sägewerk.
- Stabile Polyethylenplane und/oder Noppenfolie für den Unterbau.

WERKZEUG

- Vorschlaghammer, Brechstange, Bohrmaschine (oder Hammer), Schrauben (oder Nägel) für Holz, Wasserwaage, Messlatte, Kreide, Teppichmesser (oder Schere), Klammern und Klammermaschine.

Material und Budget

Für dieses Bauvorhaben ist es besser, **Bretter zu kaufen**, als sich Palettenholz zu beschaffen, das zu schnell abbauen würde. Das **Noppenfolien-Unterlagsplastik** ist kostspieliger, hat aber den Vorteil, dass es eine Wabenstruktur aufweist, die ein kleines bisschen Luft an den Brettern zirkulieren lässt. Es sammelt sich keine Feuchtigkeit an und das Holz hat eine längere Lebensdauer.

Hochbeete finden immer mehr Anklang. Sie erleichtern es, die Grundlagen der Gartenarbeit zu erlernen, ohne zu vielen Zwängen in Bezug auf den Unterhalt, das Unkrautjäten oder das Gießen zu unterliegen. Die Ernten sind reichlich und die Freude am Gärtnern maximal!

Ans Werk!

1. Grenzen Sie auf dem Boden den Bauplatz ab. Schlagen Sie an den 4 Ecken mit dem Vorschlaghammer die Pfähle 30–40 cm tief ein.
2. Platzieren Sie das erste Brett so, dass es nicht über die Pfähle hinausreicht, die die erste Seite bilden. Verschrauben – diese Variante ist besser im Hinblick auf einen späteren Abbau – oder festnageln. Montieren Sie das nächste Brett gegenüber und auf die gleiche Weise.
3. Montieren Sie die Bretter auf den beiden anderen Seiten – so, dass sie die Enden der 2 vorigen abdecken. Falls erforderlich, markieren Sie mit dem Bleistift das überstehende Stück und schneiden es ab. Fixieren Sie dann die Bretter.
4. Montieren Sie oberhalb davon die 4 verbleibenden Bretter und gehen Sie dabei auf die gleiche Art vor. Schneiden Sie die Enden der Pfähle ab, um sie auf die gleiche Höhe zu bringen, und prüfen Sie mit einer Wasserwaage nach.
5. Platzieren Sie die Plane auf dem Boden des Beetes und dimensionieren Sie diese so, dass sie an den Seiten jeweils 10 cm hinaufreicht. Mit Klammern befestigen.
6. Bereiten Sie 35 cm hohe Streifen aus Noppenfolie vor, die entlang des gesamten Rahmens innen an die Bretter zu heften sind, mit den Noppen zum Holz. Das Beet ist bereit, mit guter Erde gefüllt zu werden!

Tipp

Sich für zwei Bretter übereinander zu entscheiden vermeidet, eine Seite vollständig abbauen zu müssen, wenn der Rahmen eine Instandsetzung braucht.

1

2

3

4

5

6

Gebrauchs-anweisung für Hochbeete

Diese Module ermöglichen es, auf kleinen Flächen üppige Ernten zu erzielen, eine Terrasse zu verschönern oder einen Grundstücksteil zu strukturieren, dem es ein wenig an Charakter mangelt. Füllen Sie sie dafür mit einer Mischung aus guter Gartenerde und Kompost.

Hochbeete enthalten eher einjährige Pflanzen: Gemüse, Blumen und Küchenkräuter. Sie können daher als Basis eines kleinen Gemüsegartens dienen, einer Sammlung von Küchenkräutern, Ihren bevorzugten Heilpflanzen, dem Anbau von Erdbeeren für die Kinder, von einjährigen Schnittblumen etc. Die Technik gemischter Kulturen aus Gemüse und Blumen hält Krankheiten hintan und gibt ein erstes Gefühl für Biodiversität. Um diesen Platz noch attraktiver zu machen, sollten Sie sich für Pflanzen entscheiden, die nützliche Insekten (Marienkäfer, Schwebfliegen), Bienen und Schmetterlinge anziehen. Dieser kleine Garten wird für die ganze Familie zu einem Raum für Beobachtungen und das Sammeln faszinierender Erfahrungen werden. Man kann Hochbeete ebenfalls dazu verwenden, dort Kulturen nach der „Lasagne-Methode" anzulegen (*siehe Glossar*).

Eine Auswahl an Pflanzen für den Anfang:

Gemüse und Küchenkräuter	Blumen
Dill, Mangold, Gartensalat, Gartenbohne, Mais, Kohl, Zucchini, Schnittlauch, Minze, Thymian, Gurke, Tomate, Rettich, Erdbeere ...	Ringelblumen, Flockenblumen, Kapuzinerkresse, Tagetes, Dahlien, Borretsch, Gelbe Kosmee, Taglilien, Anthemis, Skabiosen, Lavendel, Sonnenblume ...

Variieren Sie die Farben der Blätter und die Arten!

Instandhaltung
Im Laufe der Zeit werden die Bretter anfangen, auseinanderzufallen. Sie können dann die beschädigten Bestandteile abmontieren; es reicht, nach und nach nur jene Bretter auszutauschen, die Zeichen der Abnutzung aufweisen. Schrauben Sie lediglich die defekten ab und belassen Sie die übrigen an ihrem Platz.

Man kann das System noch verbessern, indem man den Rahmen mit einer Leiste aus Holz für Terrassen abschirmt. Sie bildet ein kleines Dach, das das Wasser am Eindringen hindert.

Man kann die Hochbeete auch dazu nutzen, dort Kulturen nach der „Lasagne-Methode" anzulegen. Hochbeet-Gemüsegarten des Château de Viven.

Der unentbehrliche Kompostbehälter

Technische Schwierigkeit ★
Zeitaufwand ⧖
Kosten €

MATERIAL

- 5 Paletten mit den ungefähren Abmessungen 1 x 1,10 m (je nachdem, was Sie zur Wiederverwertung auftreiben können), wenn möglich mit einer Lage Brettern sowohl oben als auch unten. Sonst ergänzt man Schalbretter durch Anschrauben.
- 10 Pfähle zu 1,50 m (8 x 8 cm) aus Robinienholz, Kastanie oder Lärche.
- 2 zusätzliche Paletten, falls man die Vorderseite abschließen möchte.
- Ein paar kleine Bretter, um das Ganze zu stabilisieren.

WERKZEUG

- Vorschlaghammer, Brechstange, Bohrmaschine, Akkuschrauber, Schrauben für Holz, Zollstock.

Trick

Errichten Sie Ihren Kompostbehälter an einem geeigneten Platz: im Halbschatten, unter einer Haselnuss oder einem Holunder – und zugänglich genug, um problemlos mit einer Schubkarre durchkommen sowie mit Schaufeln und Forken hantieren zu können. Bewahren Sie den Boden naturbelassen, bloß keine Betonabdeckung!

Die im Handel erhältlichen Kompostbehälter aus Plastik verkörpern das umweltfreundliche Ideal einer Wiederverwertung der Abfälle nur schlecht. Sie bestehen oft nur aus einem einzigen Behälter, ermöglichen es nicht, zwischen den einzelnen Reifegraden zu differenzieren, und nehmen unangenehme Gerüche an, vor allem, wenn sie schlecht belüftet sind. Dabei ist es extrem einfach, mit wiederverwerteten Paletten einen Kompostbehälter zu bauen. Ein Modell mit zwei Abteilungen erlaubt, den erst im Entstehen begriffenen und den reifen, verwendungsbereiten Kompost in zwei unterschiedliche Haufen zu trennen.

Varianten

- Man kann ein Modell mit 3 Fächern aus 7 Paletten bauen, indem man dem gleichen System folgt. Damit ist es möglich, die Reifung zu aktivieren, indem man den halb zersetzten Haufen nach einigen Monaten im leeren Abteil vollständig umgräbt.
- Für ein langlebigeres Modell die Paletten durch Bretter aus Robinienholz ersetzen, deren Beständigkeit ausgezeichnet ist. Sie werden an die Pfähle geschraubt.

Gebrauchsanweisung Kompostbehälter

Häufen Sie Ihre Abfälle zunächst im ersten Abteil aufeinander, ohne sie zusammenzudrücken, und achten Sie darauf, Grünteile (Haushaltsabfälle, Grünschnitt, Mist, Komposttoilette, Gräser etc.) und Braunteile (Baumschnitt, Hackschnitzel, welke Blumen, welkes Laub etc.) miteinander zu vermischen. Sehen Sie einen kleinen Eimer für Kompostwürmer (*Eisenia*) vor. Umrühren. Mit der Forke nach dem Hinzufügen jeder neuen Schicht Abfall umgraben, damit diese gut mit der darunterliegenden vermischt wird.

Um ihn während der Gartensaison in Schwung zu bringen, mit Resten von Brennnesseljauche oder Beinwelljauche begießen.

Wenn der Füllstand steigt, verschließen Sie die Vorderseite des Silos, indem Sie dort mit Eisendraht eine weitere Palette festmachen. Wenn es voll ist, die Oberseite mit Stroh abdecken, um jegliches Austrocknen zu verhindern, und zum nächsten Abteil übergehen!

Instandhaltung

Die Paletten müssen von Zeit zu Zeit und anlässlich der Entnahme des Kompostes erneuert werden. Was die Pfähle angeht, so hängt deren Lebensdauer vom Holz ab. Wenn sie aus Robinie sind, werden sie mehrere Jahrzehnte lang halten.

Dieser Kompostbehälter ist sehr einfach zu bauen, rasch montiert und besteht aus 5 Paletten.

Ans Werk!

1 Beginnen Sie damit, die erste Palette in Position zu bringen, um die eine Seitenwand zu bilden. Schlagen Sie mit dem Vorschlaghammer eine Brechstange ein, um ein vorbereitendes Loch zu schaffen.

2 Setzen Sie dann den Pfahl und schlagen Sie diesen 40 cm tief in den Boden (er wird also 1,10 m weit herausstehen). Praktischer ist, währenddessen die Palette zu entfernen.

3 Wiederum mithilfe der Brechstange und des Vorschlaghammers links den zweiten Pfahl einschlagen, etwa 80 cm weit vom ersten entfernt.

4 Stellen Sie die Palette wieder an ihren Platz, indem Sie diese über die Pfähle stülpen.

5 Um die Rückseite zu bilden, eine zweite Palette im rechten Winkel zur ersten positionieren und dann die Schritte 1 bis 4 wiederholen.

6 Platzieren Sie die dritte Palette in der Verlängerung der zweiten und wiederholen Sie die Vorgehensweise; dabei immer mit der Brechstange vorbereitende Löcher graben und die Pfähle mit dem Vorschlaghammer einschlagen (Schritte 1 bis 4).

7 Um das Ganze zu stabilisieren, ist es ratsam, die Paletten der Rückwand untereinander mit kleinen Holzbrettern zu verbinden, die man festschraubt. Sie können alle Paletten auch mit einer Schraube im oberen Bereich direkt an den Haltepfählen fixieren. Die Rückseite ist damit fertig.

8 Wiederholen Sie die Vorgehensweise wie gehabt für die Montage der anderen seitlichen Palette, dann bei derjenigen, die innen als Trennwand dienen wird.

9 Schließen Sie ab, indem Sie die vorstehenden Enden der Pfähle absägen.

1

2

3

4

5

6

7

8

9

Der unverzichtbare Schuppen

Technische Schwierigkeit ★★
Zeitaufwand ⌛⌛
Kosten € (Wiederverwertung) oder €€ (Kauf)

MATERIAL

- 4 Robinienholzpfähle zu 2,50 m (10 x 10 cm).
- 1 Palette zu 1 x 1 m.
- 30 Douglasienbretter von 1 m Länge, 20 cm Breite und 1,5 cm Stärke (oder etwa 40 Schalbretter).
- Für das Dach: Dachpfannen ODER 1,10 x 1,10 m EPDM oder Polyanfolie + Heidekraut (*Erica scoparia*) und Eisendraht ODER Schindeln aus Kastanien- bzw. Lärchenholz.

WERKZEUG

- Hammer, Vorschlaghammer, Brechstange, Wasserwaage, Bohrmaschine, Messlatte, Zollstock, 8 Nägel (80 mm), etwa 60 Nägel (50 mm) – oder, für die Schraubenvariante, ein Akkuschrauber, ein Bohraufsatz für Vorbohrungen und etwa 60 Schrauben für Holz (50 mm).

Dieser einfache Schuppen, der für jeden Bastler machbar ist, braucht für die Errichtung ein Wochenende. Er dient dazu, die Gartengeräte zu verstauen. Ein zweites Exemplar des gleichen Modells kann in eine Abenteuerhütte für Kinder oder einen Abstellraum für Liegestühle umgewandelt werden. Ausgehend vom Basismodul kann man die Konstruktion nach Lust und Laune bzw. in Übereinstimmung mit dem verfügbaren Material verändern.

Ans Werk!

1 Zeichnen Sie die Umrisse des Schuppens auf den Boden, indem Sie ein Quadrat mit 1 m Seitenlänge bilden. Schlagen Sie an jeder Ecke einen Pfahl ein. Schaffen Sie dafür mithilfe der Brechstange ein provisorisches Loch und schlagen Sie die Pfähle mit einem Vorschlaghammer 40 cm tief ein. Gleichen Sie mit der Motorsäge die Höhe der beiden hinteren Pfähle aus und sägen Sie die vorderen Pfähle 20 cm weiter unten ab, um die Dachschräge zu erhalten. Überprüfen Sie mit der Messlatte und der Wasserwaage, dass die beiden vorderen Pfähle die gleiche Höhe aufweisen.

2 Kleiden Sie 3 Seiten unten beginnend mit den Douglasienbrettern aus, die Sie durch Verwendung einer Wasserwaage exakt waagrecht anbringen. Nageln Sie diese erste Reihe von Brettern auf jeder Seite oben und unten fest (an 4 Punkten). Sägen Sie die hervorstehenden Teile der Bretter ab, damit alle die gleiche Länge haben.
Verbauen Sie alle weiteren Bretter, indem Sie diese nur oben festnageln und einander – etwa so wie Dachziegel – leicht überlappen lassen, um das Ablaufen des Wassers zu erleichtern und den oberen Rand frei von Wasser zu halten. Kalkulieren Sie mit einem Überlappen von etwa 15 mm.

Trick: Falls Sie allein arbeiten, ein Tipp bezüglich der untersten Bretter: Schlagen Sie die oberen Nägel 15 mm unterhalb der Oberkante des Bretts ein und lassen Sie die Nägel 10 mm hervorstehen. Auf diese Weise helfen sie Ihnen dabei, die nachfolgenden Bretter zu fixieren, die sich darauf stützen können, sodass Sie sie nicht halten müssen. Wenn Sie außerdem die ersten Bretter exakt auf der gleichen Höhe festnageln, reicht es, wenn Sie Ihre Nägel stets im gleichen Abstand (15 mm) vom Brettrand einschlagen, damit auch das nächste Brett schön gerade ist.

Für das Dach: Entfernen Sie die Füße der Palette, sodass nur der flache Bretterteil übrig bleibt, und fixieren Sie diesen mit 2 80-mm-Nägeln pro Pfahl oben auf den 4 Pfählen.

Um die Palette mit einem wasserdichten Dach zu bedecken, haben Sie die Wahl zwischen verschiedenen Optionen:

- Dachpfannen,
- einem Stück EPDM oder Polyanfolie, die Sie mit Heidekraut (*Erica scoparia*) bedecken und diese wiederum mit straff gespanntem Draht fixieren,
- festgenagelten Holzschindeln.

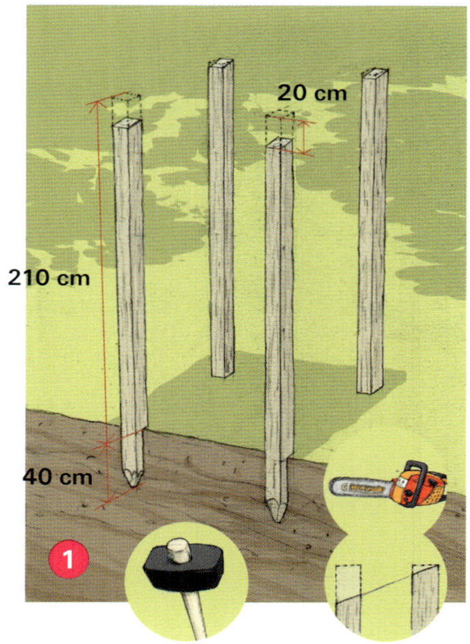

Was für ein Abschluss?

Sie haben die Wahl, diesen Schuppen entweder offen zu lassen, was ihn zu einem ausgesprochen praktischen Unterstand macht, um Werkzeug rasch zu verstauen, oder ihn mit einer Tür aus Recyclingmaterial zu versehen.

Den Schuppen einrichten

Sogar, wenn man sich schwört, nichts Überflüssiges aufzubewahren, wird ein Schuppen im Garten rasch zu einem Durcheinander! Dementsprechend sollte man sich dazu durchringen, ihn zumindest ein bisschen zu organisieren. Denken Sie von Anfang an an die Sicherheit, insbesondere die der Kinder.

- Montieren Sie Regale in ausreichender Höhe, um dort Pflanzenschutzmittel zu verwahren, denn sogar in Bio-Ausführung sind diese nicht ungefährlich.
- Was scharfes oder spitzes Werkzeug mit langem Stiel angeht, so sollten Sie vermeiden, es irgendwie entlang der Wände abzustellen. Besser ist, es entweder an einem Träger aufzuhängen oder mit den Spitzen nach oben zu einem Bündel zusammenzufassen, in einem alten Ascheeimer zum Beispiel.
- Saatgut muss vor Nagern geschützt werden. Ein altes Vorratskästchen oder eine am Dach befestigte kleine Truhe schützen es vor deren Appetit.
- Eine an der Wand befestigte Sperrholztafel hält Zangen, Scheren, Schraubenzieher, Gartenscheren etc. an ihrem Platz, ganz einfach zwischen zwei Nägel geklemmt.
- Übereinandergestapelte Regale auf umgedrehten Blumentöpfen ergeben eine rasche Möglichkeit, reihenweise Gemüsekisten aufzunehmen.

Baugenehmigung oder Einreichung einer Baustellenmeldung?

Für einen kleinen Schuppen dieser Art mit weniger als 5 m² Fläche ist keinerlei Genehmigung erforderlich. Sobald hingegen die Grundfläche des Gartenschuppens 5 m² übersteigt, werden Sie im Vorhinein eine behördliche Baustellenmeldung vornehmen müssen. Jenseits von 20 m² wird der Schuppen nicht mehr als Gartenhütte betrachtet und zu einem Gebäude. Sie sind dann verpflichtet, eine Baugenehmigung zu beantragen. In Österreich und Deutschland gelten die Bestimmungen der Bundesländer.

Entwurf Le Jardin des Abeilles.

Bank zum Plaudern

Unentbehrlich für ein Päuschen oder um sich über die Wachstumsgeschwindigkeit des Gartensalates auszutauschen, gehört die Bank zu den absoluten Fixpunkten des Gartens.

Technische Schwierigkeit ★★
Zeitaufwand ⌛⌛
Kosten €€

MATERIAL

Für dieses etwa 1 m hohe und 2 m breite Modell:

- 4 Robinienholzpfähle zu je 80 cm Länge auf 8 x 8 cm (Füße).
- 2 Kastanienpfähle zu je 1,40 m Länge auf 5 x 5 cm (Halterung der Lehne).
- 2 Bretter mit 50 cm Länge, 10 cm Breite und 3 cm Stärke (Querstreben).
- 2 Bretter mit 2 m Länge, 10 cm Breite und 3 cm Stärke (Sitzfläche).
- 1 Brett mit 2 m Länge, 15 cm Breite und 3 cm Stärke (Sitzfläche).
- 6 Leisten mit 2 m Länge, 5 cm Breite und 2 cm Stärke (Lehne).

WERKZEUG

- Brechstange, Vorschlaghammer, Motorsäge, Akkuschrauber (oder Hammer), Holzschrauben (oder Nägel), Bohrmaschine, Winkelmaß, Wasserwaage, Zollstock, Stift.

Welches Holz für die Verkleidung?

Um diese Bank zu verkleiden, wird man Bretter, Brettchen und Leisten aus Douglasie, Lärche oder Kastanie heranziehen.

Für umweltbewusste Gärtner wird der Gang durch die Baumärkte der großen Handelsketten nach wenigen Minuten zum Albtraum. Nichts als importierte Sitzmöbel, hastig zusammengebaut, Tropenholz und vor allem eine Menge Plastik. Wenn man die Grundregel des engagierten Konsumenten – nachhaltig, fair, reparierbar und wiederverwertbar zu kaufen – zur Anwendung bringen will, kann man gleich wieder umdrehen. Lokale Handwerker bieten hübsche Bänke an, die diesen Kriterien entsprechen, aber deren Preis bleibt ein Hindernis. Die einzige erschwingliche Lösung: Selbermachen!
Das Grundgerüst bilden mit Brettern und Leisten verkleidete Pfähle. Diese Verkleidung kann unterschiedliche Formen annehmen. Das hier vorgeschlagene Modell läuft in ein Pfauenfedernmotiv aus, aber es bleibt Ihnen selbst überlassen, sich eine andere Form auszudenken oder das Ganze um seitliche Trennwände an der Bank zu ergänzen.

Lebensdauer und Instandhaltung

Eine solche Bank für den Außenbereich hat eine Lebensdauer von 15–20 Jahren für das Grundgerüst und von zehn Jahren für Lehne und Sitzfläche, die man sehr einfach instand setzen kann, indem man die schadhaften Bretter und Leisten austauscht. Ein kräftiges Abbürsten am Ende des Winters verhindert, dass sich Moos und Flechten festsetzen, und verzögert das Vermodern des Holzes. Sie können Ihre Bank auch streichen, mit Schwedenfarbe auf Mehlbasis: Geschützt wird sie länger halten (*siehe Anleitung auf S. 116*).

Entwurf Jardin de Valmaubrune.

Ans Werk!

1 Setzen Sie die Basis der 4 Füße, indem Sie die Robinienpfähle mithilfe einer Brechstange und eines Vorschlaghammers 30 cm tief einschlagen. Ordnen Sie diese nach folgendem Muster paarweise an: Den ersten vorn, den zweiten dahinter, dazwischen ein Abstand von 34 cm (Innenmaß) und mit einem Abstand von 1,50 m zwischen den beiden Paaren.

2 Sägen Sie die Pfähle – falls erforderlich – auf einer Höhe von 40 cm über dem Boden ab.

3 Nageln oder schrauben Sie auf jedes Paar Füße als Traverse ein einfaches Brett von 50 cm Länge. Diese Brettchen werden an der Rückseite 10 cm hervorstehen. Sie dienen dazu, die Lehne abzustützen.

4 Verschrauben Sie für die Sitzfläche, die 38 cm tief wird, 3 Bretter von jeweils 2 m Länge. Montieren Sie erst das 15 cm breite, dann die beiden zu 10 cm, und lassen Sie dazwischen jeweils 1,5 cm Abstand. Bringen Sie vor dem Festschrauben mit der Bohrmaschine eine Vorbohrung an, damit das Holz nicht splittert.

5 Markieren Sie mithilfe eines Winkelmaßes die endgültige Länge der Bretter und schneiden Sie diese dann mit der Motorsäge zu. Die Sitzfläche ist fertig. Sie befindet sich 46 cm über dem Boden.

6 Bereiten Sie die Montage der Rückenlehne vor, indem Sie die 1,40 m langen Pfähle verwenden. Richten Sie diese an der Rückseite der Brettchen aus, die für die Sitzfläche verwendet worden sind. Schlagen Sie diese Pfähle 40 cm tief in den Boden ein und neigen Sie sie dabei, damit die Lehne komfortabler wird.

7 Schrauben Sie die Lehne an den hervorstehenden Teil der Brettchen und an das Brett der Sitzfläche, an dem die Pfähle anliegen.

8 Schrauben Sie als Lehne eine erste Leiste 23 cm über der Sitzfläche fest. Die beiden anderen werden über der ersten montiert und weisen einen Abstand von 6 cm auf. Die Höhe der Lehne beträgt daher 50 cm. Gleichen Sie, falls erforderlich, die Länge der Leisten aus.

9 Sägen Sie die beiden Pfähle 5 cm oberhalb der obersten Leiste ab.

10 Ergänzen Sie durch Anschrauben eine vertikale Leiste im Zentrum der Lehne, dann fächerförmig so viele Leisten, wie Sie wünschen. Sägen Sie zum Schluss diese letzten Elemente im Halbkreis ab.

4

5

6

7

8

9

10

Anhang

Im Jardin Plume gibt es zahlreiche von unbehandeltem Holz umgebene und abgegrenzte Flächen, sodass der Raum besser strukturiert ist.

Bezugsquellen

Gartengeräte, Werkzeuge, Pflanzen
in Baumärkten, im Gartenfachhandel

Gartengeräte, Werkzeuge, Vliese
https://www.manufactum.de/garten-c172792/

Saatgut
https://shop.arche-noah.at/
https://www.beet-box.at

Bio-Saatgut, Gründünger
https://www.samen-maier.at/
https://reinsaat.co.at/

Bodendecker und andere Pflanzen
https://shop.mein-schoener-garten.de/

Gartengeräte, Pflanzen
https://www.meingartenshop.at/

Vliese, Folien
http://gartenvlies.de/
https://www.noor.eu/

Geotextilvlies
https://www.geotextilvlies.de/
http://www.lanz-going.com/geotextil-geokunstoffe.html
https://shop.traugott-tirol.at/

Lasuren
https://shop.natural-farben.de/Holzlasuren:::3.html
http://www.natur-baumarkt-wende.de/farben-oele-wachse/holzlasuren/index.html
https://www.kreidezeit.de/produkt/holzlasur-fuer-innen-und-aussen/
https://www.auro-naturfarben.at/index.php?k=1

sowie auf Nachfrage nach natürlichen Lasuren in Baumärkten

Herstellung von Schwedenfarbe (für einen 5-Liter-Topf)

Widerstandsfähig, UV-Schutz, matt – dieser Anstrich schützt Holz im Außenbereich, also das von Zäunen, Toren, Bänken, Beeten etc. Er ist perfekt für Weich- und Nadelholz, muss aber bei tanninreichem Holz, das die Farbe des Anstrichs beeinträchtigt, in mehreren Schichten aufgetragen werden.

- 350 g Mehl (Roggen oder Weizen)
- 100 g Eisensulfat
- 800 g bis 1 kg natürliche Pigmente (in Ocker und Erdtönen)
- 4 l Wasser
- 5 cl flüssige Schmierseife
- 0,5 l Leinöl

Leeren Sie das Mehl und einen halben Liter Wasser in einen Kochtopf. Zum Kochen bringen und dabei ständig umrühren. Die Hitze reduzieren, nach und nach das restliche Wasser hinzufügen und 15 Minuten lang umrühren. Abschließend die Pigmente hinzufügen, das Eisensulfat und schließlich das Leinöl. Weitere 15 Minuten lang kochen lassen. Die Schmierseife hinzufügen. Abkühlen lassen und dann die Farbe in ein luftdichtes Einmachglas füllen.

Auftragung: auf trockenem, abgeschliffenen Holz in 2 oder 3 Lagen; zwischen den einzelnen Lagen gut trocknen lassen.
Ertrag: 3 m² pro Liter.
Aufbewahrung: kühl (um Gärung zu vermeiden).
Farbtöne: Vorsicht bei oxidierten Pigmenten, deren Farbe sich verändert, wenn sie mit dem Eisensulfat in Berührung kommen.

Schaugärten in Frankreich

Les Jardins de l'Albarède (B. und S. Lapouge)
L'Albarède, 24250 Saint-Cybranet
Tel. +33 (0)5 53 28 38 91. www.jardins-albarede.com

Les Jardins de Berchigranges (M. und T. Dronet)
9, route du Tholy, 88640 Granges-sur-Vologne
Tel. +33 (0)3 29 51 47 19. www.berchigranges.com

Le Jardin médiéval de Bois-Richeux
1, rue de la Chapelle, 28130 Pierres
Tel. +33 (0)6 11 88 20 20. www.boisricheux.com

Les Jardins de Cadiot
24370 Carlux
Tel. +33 (0)5 53 29 81 05. www.lesjardinsdecadiot.com

Les Jardins du Marais (Yves Gillen)
Hoscas, 44410 Herbignac
Tel. +33 (0)2 40 91 47 44

Le Jardin des Sambucs
Le Villaret, 30570 Saint-André-de-Majencoules
Tel. +33 (0)4 67 82 46 47. www.jardinsambucs.com

Prieuré Notre-Dame d'Orsan
18170 Maisonnais
Tel. +33 (0)2 48 56 27 50. www.prieuredorsan.com

Le Centre écologique Terre vivante
Domaine de Raud, 38710 Mens
Tel. +33 (0)4 76 34 80 80. www.terrevivante.org

Le Jardin Plume
76116 Auzouville-sur-Ry
Tel. +33 (0)2 35 23 00 01. www.lejardinplume.com

Le Jardin de Valmaubrune
Le Petit Mas, 23000 La Brionne
Tel. +33 (0)5 55 80 16 47. www.jardin-valmaubrune-creuse.fr

Glossar

Aufbinden: Die Triebe einer Pflanze an einem Gitter befestigen, damit sie klettert.

Balken: Langes Holzstück, auf dem ein Parkettboden fixiert wird.

Brechstange: Werkzeug aus Metall, am einen Ende angespitzt, am anderen abgeflacht; dient zum Auflockern des Erdreiches vor dem Einschlagen von Pfählen.

Heidekraut (*Erica scoparia*): Kann auf einer Drahtunterlage zum Einsatz gebracht werden, um als Zaunfüllung zu dienen.

Kastanientriebe: Kastanienholznachwuchs, der im Winter zurückgeschnitten und jung vor allem als Flechtholz verwendet wird.

Geotextil: In der Regel synthetisches, nicht gewebtes Material, das im Bauhandwerk, im Straßenbau und in der Landwirtschaft verwendet wird.

Gestaltungsplan: Maßstabgetreuer Plan, der die Gesamtheit der Liegenschaft darstellt.

Hackschnitzel: Werden durch Zerkleinerung von jungem Holz aus dem Heckenschnitt oder der Durchforstung von Laubbäumen gewonnen. Sie sind Bodenverbesserer, die frisch verwendet werden sollten. Getrocknet und in Säcken abgepackt oder offen angeboten, sind sie ein interessantes Material, um Wege zu mulchen.

Lasagne: Technik des Gärtnerns, die darin besteht, einen fruchtbaren Boden dadurch zu erzeugen, dass man eine vielschichtige Aufeinanderhäufung aus Grünteilen und Braunteilen anlegt. Man beginnt dort sofort mit dem Anpflanzen, ohne das Verrotten abzuwarten. Mehr dazu in Claude Aubert: Mischkulturen im Gemüsegarten, Graz u. Stuttgart 2017.

Lichtes Maß: Raum, der zwischen zwei parallelen Achsen liegt.

Pfetten: Dachbalken.

Robinie: *Robinia pseudoacacia*, „Falsche Akazie"; nicht mit der echten Akazie (*Acacia*) verwandt, die aufgrund des Klimas in Mitteleuropa kaum gedeiht. Liefert ähnlich hartes Holz und wird im Handel oft fälschlich als „Akazienholz" angeboten. Im Zweifelsfall nachfragen!

Schindel: Holzbrettchen, das zum Dachdecken verwendet wird; Schindeln werden verlegt wie Dachziegel.

Schlingpflanze: Kletterpflanze, die sich um ihre Stütze windet.

Sommerschnitt: Zurückschneiden einer Pflanze im Sommer, wenn die Zweige Blätter tragen.

Handstampfer: Werkzeug, das aus einem hölzernen Stiel und einem Gusseisenklotz besteht und dazu dient, den Boden oder anderes Material zu verdichten.

Stützstrebe: Holz- oder Metallstück, das einen Pfahl abstützt und leicht schräg in den Boden eingeschlagen wird, um Druck oder Zug auszugleichen.

Thermische Holzmodifikation: Verfahren der Wärmebehandlung von Holz, das ermöglicht, dessen Lebensdauer und Stabilität zu erhöhen. Solchermaßen behandeltes Holz wird als Thermoholz bezeichnet.

Türbeschlag: Metallstück, das dazu dient, eine Tür oder einen Fensterladen auf seiner Angel abzustützen.

Zugmesser: Werkzeug, das dazu dient, Holz zu entrinden und zu glätten.

Stichwortverzeichnis

Die *kursiv* gesetzten Zahlen verweisen auf die Kästchen. Beachten Sie auch das Inhaltsverzeichnis und das Glossar.

Aus unserem Programm

ISBN 978-3-7020-1505-3

ISBN 978-3-7020-1923-5

ISBN 978-3-7020-1652-4

ISBN 978-3-7020-1585-5